如何快乐地度过每一天

好心情 ☺

HAO XIN QING
DOU SHI
ZHENG LI CHU LAI DE

都是整理出来的

慧 闻/著

民主与建设出版社
Democracy & Construction Publishing House

图书在版编目（CIP）数据

好心情都是整理出来的/慧闻著.--北京:民主与

建设出版社,2016.7

ISBN 978-7-5139-1129-0

Ⅰ.①好… Ⅱ.①慧… Ⅲ.①情绪－心理学－通俗读

物 Ⅳ.①B842.6-49

中国版本图书馆CIP数据核字(2016)第127513号

出 版 人：许久文
责任编辑：李保华
整体设计：飞鸟设计
出版发行：民主与建设出版社有限责任公司
电　　话：(010)59419778　　59417745
社　　址：北京市朝阳区阜通东大街融科望京中心B座601室
邮　　编：100102
印　　刷：廊坊市华北石油华星印务有限公司
版　　次：2016年9月第1版　2016年9月第1次印刷
开　　本：32
印　　张：7
书　　号：ISBN 978-7-5139-1129-0
定　　价：32.00元

注：如有印、装质量问题，请与出版社联系。

前 言
Preface

心情好，什么都好，心情不好，一切都乱了。

我们常常不是输给了别人，而是输给了自己。

因为坏心情不仅贬低我们的形象，降低我们的能力，还扰乱我们的思维。

只有控制好自己的心情，生活才会处处祥和。

不要以为这些都是老生常谈的问题，你需要再次认识到它们的重要性，并牢记心中。

从某种程度上来讲，心情决定态度，态度决定成败。优秀的人和平庸的人之间的最大差别，并不在于外在的能力，而在于他们的心态。是心态决定了他们的外在能力。有什么样的心态，就有什么样的生活！

你要相信，只有你才是自己心情的主宰，拥有了好心情，你就能铸就成功的人生。我们无法改变天气，却可以改变心情；无法控制别人，却可以掌握自己。好心情可以成就我们的人生，因此如何管理好自己的情绪，整理好自己的心情，如何自我调节并改善与他人的关系，是我们人生必修的课程。

《好心情都是整理出来的》以通俗易懂和言简意赅的文字向读者介绍了整理心情的方法，如：压住心头的怒火、克服内心的恐惧、斩除"冲动"这一魔鬼等,让你很容易了解自己的情绪,营造快乐心境,让好心情离不开你。

书中举的事例多与我们的日常生活息息相关。全书内容翔实、丰富,既有朴实的劝慰,又有严谨的逻辑思维指导;既包括如何掌控情绪、整理心情的方法,又包括如何塑造积极心态改变人生命运的方法。

整理好自己的心情,其实很简单,就是要你现在就变得开心起来。

目　录

Contents

第三章　头脑发热最害人——清除"冲动"这个魔鬼

第四章　坚定信念，无悔一生——好心情成就好人生

第五章　心态乐观就简单——放宽你的心胸

第六章　既要充实也要放松——给心做个深呼吸

第七章　家和才能万事兴——守护亲情、爱情

第八章　心情可以不复杂——搞定职场人事

第一章

心平气和好做事——压住心头的怒火

生气会坏事。怒气，就像石子。和谐的生活就像一面镜子，如果你向镜子投一块石头，结果可想而知。然而，制怒并不是一件容易的事，它是以理智战胜感情冲动的过程。善于制怒不仅需有"忍人所不能忍"的宽广胸怀和以大局为重的精神境界，还需有强烈的自我控制意识。要"制怒"，首先要努力陶冶性情，不断提高修养，理智地将"愤怒"这个"情绪炸弹"扔掉。

巴甫洛夫说："忧愁抱怨能损坏身体，从而为各种疾病打开方便之门，可是愉快能使肉体上和精神上的每一现象敏感活跃，能使体质增强。"生活并非一帆风顺，没必要去抱怨。与其选择牢骚抱怨、自怨自艾，还不如接受现实，尽己所能去改善生活。凡事往好处想，以健全奋发向上的积极心态去对待。只有这样，生活才会充满欢乐。

♡ 让火爆脾气永远离开你

人们常说某人性情暴躁，压不住火，特别是年轻人，比如血气方刚的小伙子。他们往往三两句话不对，或为了一点芝麻绿豆大的事情就大打出手，造成十分严重的后果。

很多时候，人们都在为自己找借口：生气是一种宣泄，而人的情绪需要适当地宣泄。因此，对别人的伤害是不可避免的。

我们的社会尊重你渴望被别人了解和觉察的需要，也会允许你这么做，换句话说，社会允许你在一定的范围内宣泄情绪。但是，它有个底限。同样的，人们极端的宣泄行为通常只会增加双方的紧张压力和彼此的憎恨，把更大的反作用力加到自己身上。

遇事千万不能走极端。即使再生气，再仇恨，也要有底线。我们只有理性地面对社会百态，才能使生活提升至较高的品位。

康熙在8岁当上皇帝，他的父亲顺治帝临死前，命四个满族大臣辅佐他处理国家大事。鳌拜虽位居四大臣之末，但掌握着兵权，不断扩大自己的势力，而且性情凶残霸道，他有权有势，如日中天，皇帝成了他的附属品。

在康熙14岁亲自执政后，鳌拜还是专横地把持着朝政，根本不把皇帝放在眼里。不但小皇帝对他十分痛恨，众大臣也是敢怒不敢言。

康熙想除掉鳌拜，但慑于他的权势，只好先装模作样。他用一切时间学习政治，用一切机会实践政治。同时，他还要做出依然不懂事的样子，傻玩傻闹，绝不让鳌拜看出他的真实想法。

有一次，鳌拜和另一位辅政大臣苏克萨哈发生争执，他就诬告苏克萨哈心有异志，应该处死。这时，康熙名义上是已经亲政的皇帝，鳌拜先要向他请示。康熙明知道这是鳌拜诬告，就没有批准。这可不得了，鳌拜在朝堂上大吵大嚷，卷着袖子，挥舞拳头，闹得天翻地覆，一点臣下的礼节都不讲，最后，还是擅自把苏克萨哈和他的家属杀了。

从此以后，康熙下决心要整顿朝政。为了擒拿鳌拜，他想出一条计策。

康熙在少年侍卫中挑了一群体壮力大的留在宫内，让他们天天练习扑击、摔跤等拳脚功夫。空闲时，他常常亲自督促他们练功、比武，而且消息一点都没有走漏出去。

有一天鳌拜进宫奏事，康熙正在观看少年侍卫练武，只见少年侍卫正在捉对儿演习，一个个生龙活虎，皇帝还在场外指指点点。

康熙看见鳌拜来了，大吃一惊，心想坏了，如果被鳌拜看出破绽，那别说皇位坐不安稳，就连命也要赔进去了。他灵机一动，故意站起身走进场去，笑着夸奖这个勇敢，奚落那个功夫不到家，说："来，你和我打一架，看看我的功夫。"一派贪玩的少年形象。

鳌拜一看皇帝如此胡闹，心中暗笑，看来这大清的江山永远是我鳌拜的了。鳌拜走近康熙，刚要奏事，康熙却摆摆手说："今天玩得痛快！有事先不要说，等我……"

鳌拜连忙说："皇上，外庭有要事奏告。皇上下次再玩吧。"康熙这才恋恋不舍地和鳌拜进殿去了。

过了一段时间，少年侍卫们的武艺练习得有了长进，鳌拜的疑心也全消除了，这时，康熙决定动手除奸。这天，他借着一件紧急公事，召鳌拜单独进宫。鳌拜哪里有防备，骑着马大摇大摆地进宫了。

康熙早已站在殿前，一见鳌拜走来，便威武地喝道："把鳌拜拿下！"只听得一阵脚步响，两边拥出一大群少年侍卫，一齐扑向鳌拜。

鳌拜不一会儿就被众少年掀翻在地，捆缚起来，关进大牢。

康熙用隐忍之法，除掉了这个朝廷祸害，显示了康熙少年有为、有勇有谋的皇帝风范。

人生的漫漫长路，风云变幻，难免危机四伏，为保全自己，打击对手，即使再愤怒，还是要做做样子，装装糊涂，麻痹对手，伺机而动才能咸鱼翻身。

当忍则忍。不要为了一时的怒气，而逞一时之勇，图一时之快，不考虑后果，甚至忘记自己是谁！留得青山在，才有东山再起的资本。

唐宋八大家之一的苏东坡，诗词书画无一不通，他当官后却被远贬海南岛，处在蛮荒化外之地仍不改名士文雅本色。他仍乐衷于酿制美酒，研究饮食文化，流传至今的东坡肉就是他最落魄时的佳作。视野一旦拉大，就会心怀感恩。

假如你与别人意见有分歧，完全可以讨论，但不要争吵。只要出于善意，讨论也最终是对事不对人，同样会令双方像促膝谈心一样有所收获。相反，那种毫无分寸和理智的争吵，一方激烈地攻击另一方，同时拼命地维护自己，这正是有良好教养的人所不为、也不该为的事。

丈夫打妻子，妻子打儿子，儿子打小狗，这是典型的情绪流动图，每天在不同地点以各种形式上演：马路上因超车的擦撞、抢停车位的怒骂，看不惯上司居功诿过的闷气，上司的迁怒，老师根学生不成钢的怨气，挂着冰冷微笑，其实正暗自咒骂着你的侍者……生活中、职场上的怒火一点就燃。美国耶鲁大学管理学院研究发现，四分之一的上班族经常生气。

你常生气吗？如果生气是你的常客，建议你找出自己的"情绪温度计"，或来一场与怒气的心灵对话，彻底赶走怒气。

不过，当怒气冲上头时，一时难以压抑，怎么办？来听专家的建议：

首先闭上嘴，因为盛怒时的舌头像把利剑，容易刺伤人。

接着深呼吸，强迫心跳、血压回复正常状态。

或者离开现场找个安全的环境，动动身体、打球或做体操。

盛怒时，跑去照镜子，看见自己怒气中的样子觉得很滑稽，忍不住"噗哧"笑出来。

专家还建议使用"情绪温度计"。平时养成记录情绪的习惯，每天分几个时段记录，并写下动怒的原因，这种训练有助于自我察觉、检测怒气。

♡ 伤身三杀手：闲气、闷气和怨气

据说，一代天骄成吉思汗有一次在打猎的时候，口渴难耐，正好附近有一洼山泉，他便捧起水来喝。此时，一只老鹰疾飞而至，成吉思汗一惊，喝水的"渴望"被干扰，不禁大怒，抽出羽箭射杀飞鹰。当他爬上山顶，发现飞鹰被羽箭穿胸而毙，而死鹰陈尸的山泉水源有条被鹰啄死的大毒蛇。

如果你是成吉思汗，你会怎么做？你会后悔自责？庆幸？自认大难不死必有后福？决定以后不要随便发怒？或在发怒情况下不再随便决定行动？

谁都会的一件事——生气，那太简单了；但是对应当生气的人生气，生气得恰到好处；以及为正当的理由生气，用正确的方法生气——那就不简单了；而且也不是每个人都有能力驾驭的。

闲气，是由生活琐事而生的不该生的气。有趣的是，生闲气的对象大多是生气者自己的家庭成员或身边的同事。常生闲气有三害，一害自己的身体。生闲气时心里不痛快，心情压抑或烦躁，这种消极情绪若经常出现或反复发生，势必影响人体的正常生理功能，导致心理平衡失调，免疫功能下降，多种疾病就可能接踵而至。二害自己的事业。不良的情绪不仅会影响工作或学习的效率，还会影响你与上下级和同事的关系，影响团结，不利于事业的成功。三害他人。生气时常会态度粗暴或出言不逊，使他人心境被破坏，心灵遭到打击。

一般说来，人在生闲气时，容易产生发泄、找"出气筒"等攻击行为。如恶声恶气、摔摔打打、怒目而视、破口大骂、动手打人等。这些攻击行为可能直接针对挫折的制造者，但当觉察出对方不能直接攻击而心中的恶气又要发泄时，常常找个"出气筒"。这"出气筒"可能是人，也可能是物。像《红楼梦》里晴雯撕扇子就是对宝玉责备情绪的发泄。

老生闲气的人该问自己一句：我是不是太小心眼了？或者太无聊了？胸怀大目标，心想大事，天天有事做，就不会计较琐事而生闲气了。所以奉劝您要加强修养，宽厚待人，变责人严为责己严，这样就不会看谁也不顺眼而生闲气了。

凡事"无所谓"就不大容易生气，即使有气也来得快，去得快。俗话说"糊涂也有糊涂福"，如果一个人执着地喜欢书画，那么他就是墨泼裳衣也不会为此生气着急。我们提倡：人应糊涂一点，尽量少生气。即使生气也应尽快宣泄，一定不要超过3分钟。

所谓闷气，是有气不发，强憋在心里的气。这种气对身体危害甚大。这种不良情绪压在心头不消散，可导致食不甘味，睡不坦然，肌体的抗病力随之下降，而有损于健康。同时，气憋在心里，常是越憋越重，甚至达到难以承受的程度。这时再骤然发泄，如同山洪暴发，即大发雷霆，我们称之为盛怒，而盛怒则会对身心造成更大的伤害。

但我们更想说的是闷气也会伤害人与人之间的感情。

最怕的是两个最亲或关系最密切的人同时相互生闷气。就如夫妻之间因为一点鸡毛蒜皮的小事斗气，谁也不服输，谁也不先开口，就会对身心健康和相互的关系造成严重的损害；而且夫妻关系也会日益紧张，隔阂加深，甚至会招致严重的后果。

人们应该学会控制自己，尽量做到不生气。碰上了不愉快的事，首先要学会自己给自己"消气"；确实遇到烦心的事，也要"戒"字当先，戒除恼怒。当然，这不是简单下个决心就能办到的事情，其中还有道德修养和陶冶情操的问题。古人把"责己严，待人宽"以及"温、良、恭、俭、让"视为人际交往的准则，这对现代人的身心健康也是十分有益的。遇事冷静、待人宽厚并能适当克制自己的情绪，这实际上体现着一个人的内在修养。

养身当以戒闷气为本。要养怡身心，就要下工夫修炼品行，学会宽厚待人，谦逊处世。要做到不生气、少生气，就要心胸开阔，宽宏大量，不要对一些细枝末节的小事斤斤计较、耿耿于怀。其实，"退一步"并非意味着"懦弱"，反倒是化解矛盾的良策，或许还会由此冰释前嫌，换得云消雾散、海阔天空。要养怡身心，还要学会息怒，善于控制和调理自己的情绪，把"生气"这种不良情绪消灭在萌芽状态。

动辄生闷气，总是使家庭处于"战争状态"，或者总是和朋友冷言相对，你的生活会快乐、会轻松吗？生闷气于人无益、对己无利，既伤害了别人，也在"惩罚"自己，这样的后果该值得你去好好反思一下了。

怨气是抱怨或怨恨之气，多因自认为遭遇不公而生。许多人为了形象，不方便在外人面前发泄气愤，只能带着一肚子的怨气回家爆发，使家人成了受气包，受害最深。靠生怨气发发牢骚，什么问题也解决不了。由于心中装满怨气，今天怪这个，明天怨那个，让这种消极情绪常困扰着自己，这是在破坏自身的心理平衡，涣散自己的意志和进取心，进而还会引起机体生理功能的降低或紊乱。仔细观察一下周围，不难发现，那些牢骚满腹、怪话连篇、怨气冲天的人，几乎都与事业成功无缘。

在同样或相似的外界刺激下，为什么有人很少生怨气而有人却怨气十足呢？心理学告诉我们：情绪和情感的发生，不仅取决于环境刺激，而且也取决于人的认识水平，这两者同样重要。如果别人的言行触犯了你，你首先要看一看对方是有意的还是无意的。假如是无意的，则应该"不知者不怪"。假如是有意的，则要分析其言行是对还是错。对者，应该欣然领教；错者，可以采取恰当的方法回敬，包括保持沉默，没有必要生气，否则便是拿别人的过错来惩罚自己。

莎士比亚说："我宁愿压伏我的愤恨而听从我更高的理性；道德的行动较之仇恨的行动是可贵得多的。"当你越成熟时越会感到莎翁所言有理。

♡ 心平气和会让你更接近快乐

布洛伊尔与弗洛伊德发现，在心理治疗过程中，凡是病人能够得到较好的精神疏泄时，病情都会有明显的好转。所以，他们认为只有把这些积郁的东西"净化"后，才会收得较好的疗效。

在现实生活中，我们也会看到有些心胸开阔、性情爽朗的人，他们心直口快把自己的不愉快情绪或心中的烦闷诉说出来。这种人的心理矛盾能获得及时解决。可是我们也常看到心胸狭窄的人，爱生气，心中总是闷闷不乐，由于心理冲突长期得不到解决而产生心理疾病。

一般说来，把怒气发泄出来比让它积郁在心里要好。根据哈坎松1969年的一项研究成果，当人发怒时，血压会迅速升高，而当他通过各种方式，如大喊大叫、嚎啕痛哭或采取报复行动将怒气发泄出来时，血压又会很快恢复正常。相反，倘若他们将怒气强压下去，那么，他们的血压则需要相当长的时间才能恢复到正常水平。此外，让怒气积郁在心中对心脏的健康尤其不利，是诱发冠心病的主要原因之一。

从心理健康的角度来看，长期积压怒气会影响身心健康，怒气长时间得不到排解就可能变成忧郁情绪。发脾气可造成神经系统紧张，甚至可能引发疾病；从人际关系角度看，一场脾气发下来，别人不仅会敬而远之，多年的交情甚至可能因此了结。一个懂得如何发脾气、正确发泄自己不满的人才是一个心理成熟、健康的人。

人的烦恼一半源于自己，即所谓画地为牢，作茧自缚。让自己放轻松，就是心平气和地工作、生活。这种心境是充实自己的良好状态。充实自己很重要，只有有准备的人，才能在机遇到来之时不留下失之交臂的遗憾。

俗语有"宰相肚里能撑船"之说。古人与人为善、修身立德的谆谆教诲警示于世人，一个人若胆量大，性格豁达方能纵横驰骋，若纠缠于无谓的鸡虫之争，非但有失儒雅，还会终日郁郁寡欢，神魂不定。唯有对世事时时心平气和、宽容大度，才能处处契机应缘、和谐圆满。

显然，环境本身并不能使我们快乐或不快乐，而是我们对周围环境的反应才能决定我们的感觉。

必要时，我们都能忍受灾难和悲剧，甚至战胜它们。内在的力量坚强得惊人，只要我们肯加以利用，它就能帮助我们克服一切。

已故的美国小说家布斯·塔金顿总是说："人生的任何事情，我都能忍受，只除了一样，就是瞎眼。那是我永远也无法忍受的。"然而，在他60多岁的时候，他的视力减退，一只眼几乎全瞎了，另一只眼也快瞎了。他最害怕的事终于发生了。

塔金顿对此有什么反应呢？他自己也没想到他还能觉得非常开心，甚至还能运用他的幽默感。当那些最大的黑斑从他眼前晃过时，他却说："嘿，又是老黑斑爷爷来了，不知道今天这么好的天气，它要到哪里去？"

塔金顿完全失明后，他说："我发现我能承受我视力的丧失，就像一个人能承受别的事情一样。要是我五个感官全丧失了，我也知道我还能继续生活在我的思想里。"

为了恢复视力，塔金顿在一年之内做了12次手术，为他动手术的就是当地的眼科医生。他知道他无法逃避，所以唯一能减轻他受苦的办法，就是爽爽快快地去接受它。他拒绝住在单人病房，而是住进大病房，和其他病人在一起。他努力让大家开心。动手术时他尽力让自己去想他是多么幸运。"多好呀，现代科技的发展，已经能够为像人眼这么纤细的东西做手术了。"

一般人如果要忍受12次以上的手术和不见天日的生活，恐怕都会变成神经病了。可是这件事教会塔金顿如何忍受，这件事使他了解，生命所能带给他的，没有一样是他能力所不及而不能忍受的。

我们不可能改变那些已经发生的事实，可是我们可以改变自己。要在忧虑毁了你之前，先改掉忧虑的习惯，告诉自己：我的心情别人左右不了，它的主人是我自己。

♥ 有些事可以视而不见

或许，作为家庭主人的你，每天都在尽最大努力去避免家庭所面临的各种污染，如空气污染、噪声污染、光源污染等。这时不知你是否忽视了另一种新的污染——你的坏情绪——就是一种情绪污染。

现代心理学告诉人们，人的情绪有两个关键时间，一是早晨就餐前，二是晚上就寝前。在这两个关键时间里，每一个家庭成员都要尽量保持良好的心境，稳定自身情绪，尽量不要破坏家庭的祥和气氛，避免引起情绪污染。假如在一天的开始，家庭某一个成员情绪很好或者情绪很坏，其他成员就会受到感染，产生相应的情绪反应，于是就形成了愉快、轻松或者沉闷、压抑的家庭氛围。

任何人都会有情绪低落的时候，每当这时，一是要有点忍耐和克制精神，二是要学会情绪转移。把不良情绪带回家，将心中怨气发泄在家人身上，为一些小事耿耿于怀……诸如此类，都会影响他人情绪，造成家庭情绪污染。

其实，我们的心灵也同样需要一片宁静的天空，那么就让我们的情绪在宁静的天空下，得到平复与安宁。

西方有位哲人在总结自己一生时说过这样的话："在我整整75年的生命中，我没有过过四个星期真正的安宁。这一生只是一块必须时常推上去又不断滚下来的崖石。"所以，追求宁静对许多人来说成了一个梦想。由此看来，宁静并不是每个人都能享受的。

可是，现实生活中也不乏许多人害怕宁静，时时借热闹来躲避宁静，麻痹自己。红尘滚滚中，已经很少有人能够固守一方，独享一份宁静了，更多的人脚步匆匆，奔向人声鼎沸的地方。殊不知，热闹之后却更加寂寞。我辈之人，如能在热闹中独饮那杯寂寞的清茶，也不失为人生的另类选择与生存。但是，宁静并不是每个人都会享受的！

对未来进行抗争的人，才有面对宁静的勇气；在昔日拥有辉煌的人，才有不甘宁静的感受；

为了收获而不惜辛勤耕耘流血流汗的人，才有资格和能力享受宁静。

宁静是一种难得的感觉，只有在拥有宁静时，你才能静下心来悉心梳理自己烦乱的思绪，只有在拥有宁静时，你才能让自己成熟。不在宁静中升华，就在宁静中死去。

其实，这是一种误解。倘使这样去超越生活，不仅限制生命的成长，还会与现实隔阂，这样的人只是在逃避生活。

宁静是一种感受，是一种难得的感觉，是心灵的避难所，会给你足够的时间去舔拭伤口，重新以明朗的笑容直面人生。

懂得了宁静，便能从容地面对阳光，将自己化作一盏清茗，在轻啜深酌中渐渐明白，不是所有的生长都能成熟，不是所有的欢歌都是幸福。有时，平淡是穿越灿烂而抵达美丽的一种高度，一种境界。当宁静来临时，轻轻合上门窗，隔去外面喧嚣的世界，默默独坐在灯下，平静地等待身体与心灵的一致，让自己从悲观交集中净化思想。这样，被一度驱远的宁静会重新得到回归。

　　你静静地用自己的理解去解读人世间风起云涌的内容，思考人生历程中的痛苦和欢悦。你不再出入上流社会，也就不再对那些达官显贵们摧眉折腰，人们不再追逐你，不再关注你，你也因此而少了流言的中伤。当你真实窥探到了人生的丰富与美好，生命的宏伟和阔大，让身心平直地立在生活的急流中，不因贪图而倾斜，不因喜乐而忘形，不因危难而逃避。你就读懂了宁静，理解了宁静。于是，宁静不再是宁静，宁静成了一首诗，成了一道风景，成了一曲美妙的音乐。于是，宁静成了享受，使我们终于获得了人生的宁静。

　　宁静是一种心境，氤氲出一种清幽与秀逸，冉冉上升的思绪逃离了城市的喧嚣，营造出一种自得和孤高，去获得心灵的愉悦，获得理性的沉思，与潜藏灵魂深层的思想交流，找到某种攀升的信念，去换取内心的宁静、博大致远的菩提梵境。

　　世间很多事，无论你是否在意，都在真切地发生着。所以，只要你视而不见，只要你内心里不去在意，天大的事儿也与你无关了。让我们带着美好的心情去拂拭蒙尘的心灵，让它涤荡掉身上的浮躁、空泛和沮丧，让我们看清梦里的花朵以最美的形式绽放……

♡ 明确目标，以感恩的心做事

无论做什么事，都要事先有目标。很多人整天盲目地忙碌，最后收获的只能是茫然。如果我们不能实现太高的生活目标，那我们就应该量体裁衣，制订最适合自己的目标，然后实现自身的价值。

有的人从头至尾都有一个明确的目标，为成就一番事业而奋斗，而有的人则身不由己，随波逐流，每日所忙都只是为了伙食标准提高一些而已。大家一样的辛苦忙碌，可收获却大不相同。

当然，如何选定目标也很重要。一则要根据自己的兴趣特长，二则也要考虑到社会的发展趋势，争取能将自己的目标与社会的主流趋势结合起来。置身于哪种行业很关键，总不能人家在主旋律中高歌猛进，你在夕阳产业中垂死挣扎吧？否则同样是忙碌，结果却会不同。

中国有句成语叫作"碌碌无为"，忙得不可开交却无所作为，太可怕了。很多时候我们恐怕都没有把"忙"真正地定义清楚。

有位父亲告诫刚踏入社会的儿子："若遇到一位好老板，便要忠心地为他工作；假如第一份工作就有很好的薪水，那算你的运气好，要努力工作以感恩惜福；万一薪水不理想，老板也不太好，就要懂得在工作中磨炼自己的技艺。"

这位父亲是睿智的，所有的年轻人都应将这些话牢牢地记在心底，始终秉持这个原则做事。即使起初位居他人之下，也不要计较。在工作中不管做任何事，都应将心态回归到零，学会感激工作中的一切：感谢工作环境，感谢你的老板，感谢每一次的工作机会。并积极地将每一次工作任务都视为一个新的开始，一段新的体验，一扇通往成功的机会之门。

或许每一份工作都无法尽善尽美，但每一份工作中都有宝贵的经验和资源，如失败的沮丧、成长的经验、老板的严苛，同事间的竞争等等，这些都是任何一个工作者走向成功必须体验的感受和必须经历的锻造。

保持一种感恩的心态可以改变一个人的一生。如果你能每天怀着一颗感恩的心去工作，在工作中始终牢记"拥有一份工作，就要懂得感恩"的道理，你一定会收获更多。

当我们清楚地意识到无任何权力要求别人时，就会对周围的点滴关怀或任何工作机遇都怀有强烈的感恩之情。因为要竭力回报这个美好的世界，我们会竭力做好手中的工作，努力与周围的人快乐相处。结果，我们不仅心情会更加愉快，所获帮助也会更多，工作也会更出色。

我们生而为人，并能顺利走到今天，要感谢父母的恩惠，要感谢大众的恩惠，感谢师长的恩惠，感谢国家的恩惠；没有父母养育，没有大众助益，没有师长教诲，没有国家爱护，我们何能存于天地之间？所以，感恩不但是美德，而且是一个人之所以为人的基本条件！

真正的感恩应该是真诚的、发自内心的感激，而不是为了某种目的，迎合他人而表现出的虚情假意。时常怀有感恩的心情，你会变得更谦和、可敬且高尚。每天都用几分钟时间，为自己能有幸拥有眼前的这份工作而感恩，为自己能进这样一家公司而感恩。

对工作心怀感激并不仅仅有利于公司和老板。"感激能带来更多值得感激的事情"，请相信，努力工作一定会带来更多更好的工作机会和成功机会。

一个人若失去了感激之情，就会对许多客观存在的现象日益挑剔甚至不满。如果你的头脑被那些令你不满的现象所占据，你就会失去平和、宁静的心态，并开始习惯于注意那些琐碎、消极、猥琐、肮脏甚至卑鄙的事情，让自己也慢慢变得阴暗。相反，若你把注意力全部集中在光明的事情上，你将会变成一个积极向上的人、一个大有作为的人。

感恩赋予我们富裕的人生。感恩是一种深刻的感受，能够增强个人的魅力，开启神奇的力量之门，发掘出无穷的智能。只有心怀感恩，快乐才会常伴。

第二章

成功不欢迎懦夫——克服内心的恐惧

　　生命的航船难免会遇到险滩巨浪，如何驾驶生命的小舟，让它迎风破浪，驶向成功的彼岸？这需要我们以百折不挠的意志去面对困难，以一种平常心去面对挫折，相信你会从山穷水尽疑无路的局面转至柳暗花明又一村的境地，迎接你的必将是山巅的无限风光。

　　美国最伟大的推销员弗兰克说："如果你是懦夫，那你就是自己最大的敌人；如果你是勇士，那你就是自己最好的朋友。"对于胆怯而又犹豫不决的人来说，一切都是不可能的，他总是会被各种各样的恐惧、忧虑包围着，看不到前面的路，更看不到前方的风景。人的一生，唯有奋斗，才有成功！

敢闯敢干才能成就王者风范

比尔·盖茨说：你不要认为那些取得辉煌成就的人有什么过人之处，如果说他们与常人有什么不同之处，那就是当机会来到他们身边的时候，立即付诸行动，决不迟疑。这就是他们的成功秘诀。

所以，机会来临千万不要犹豫，马上行动就是你走向成功的必经之路。人生中总是有好多的机会到来，但总是稍纵即逝。我们当时不把它抓住，以后就永远失掉了。

许多成功的人之所以取得成功，就是因为他们敢想敢做。比尔·盖茨正是这样的一个人。

我们来看看最初的他是怎样来寻找赚钱的机会的：他在承接信息科学公司的项目成功后，信心大振，又与保罗·艾伦琢磨起了新的赚钱路子。不久，他们成立了一家自己的公司，名为交通数据公司。

他们为什么要办这样一家公司呢？当时，几乎所有市政部门都使用同一种装置来测量交通流量，这种装置是由一个金属盒子联接一条横跨路面的橡胶管组成的。金属盒中有一盘16轨纸质磁带，当有车从橡胶管上经过时，这台机器就会在磁带上打上0或1这两个二进制代码。这些数字反映出车辆经过的时间和流量。市政部门雇用私人公司将这些原始资料译成信息以供有关工程师们分析研究，例如，以此来决定何时该亮红灯或绿灯。

　　原先为市政公司提供服务的私人公司效率低而且要价高，这为盖茨和艾伦提供了竞争取胜的机会。他们用电脑来分析这些磁带，然后把结果卖给市政部门，他们比对手既快又便宜。盖茨雇用湖滨中学几个七八年级的学生，把磁带上的数据誊写到电脑卡上，然后盖茨把它输入到电脑里。接下来，他用自己设计的程序将这些数据转换成易读的交通流量表。

　　当交通数据公司开始正常运转后，艾伦决定制造自己的电脑以便直接分析磁带，这样就可免去手工劳动了。他们聘请了一位波音公司的工程师来协助设计硬件。盖茨拿出360美元，购买了一个英特尔公司的新型8008微处理器芯片。他们将一台16轨纸质磁带阅读器连接到这台电脑上，然后把交通流量记录磁带直接输进去。

　　与后来的微机相比，这台"土制"电脑是非常原始的，只是勉强能用而已，还不能保证它不出故障。有一次，盖茨洋洋得意地在餐厅向一位市政官员演示他的交通数据电脑时，机器突然卡了壳。盖茨鼓捣了半天，机器就是不听使唤。那位官员因此失去了兴趣。盖茨觉得很没面子，便向他母亲求援："告诉他，妈妈！告诉他，它确实能工作！"

　　盖茨和艾伦利用交通数据公司赚了大约2万美元。但是市政公司并非天天需要进行交通流量分析，因此，这是一种越做越小的生意，公司不会有多大发展前途。当盖茨为交通数据公司招揽生意时，他又萌发了一些新的赚钱计划。不久，盖茨又与埃文斯合作成立了一个"逻辑仿真公司"。

　　1972年5月，在他们结束三年级前夕，湖滨中学校方授权他们设计全校400多名学生的课程表程序。校方希望这套电脑软件可以从秋季72－73学年开始启用。这个任务落到了盖茨和埃文斯肩上。

真是祸不单行，接受任务不到一周，肯特·埃文斯在一次登山事故中不幸遇难。夏天刚开始，盖茨去了华盛顿特区，当了一名众议院服务员。当国会夏季休会时，盖茨回到西雅图，与艾伦一起进行设计课程表的工作。他们利用上次同信息科学公司的交易中得到的免费电脑机及时来进行这项程序设计，同时湖滨中学也为设计课程表的电脑机时支付了费用。

任务完成后，他们最后获得了2000美元的酬金。课程表软件设计取得成功后，盖茨又继续寻找其他机会赚钱。他给周围的学校发函，表示愿意为它们设计课程表程序，并愿意提供九五折优惠。

他在联络信中说："我们应用了一种由'湖滨'设计的独特的课程管理电脑系统。我很荣幸地向贵校推荐这一产品。服务上乘，价格优惠——每个学生收费22.50美元。望有机会进一步与贵方商洽此事。"

可惜，他的业务联系未取得效果。因为不是每个学校都需要这种服务。

盖茨虽然聪明，以他当时的电脑水平，肯定不会有多了不起，但这种赚钱心切的态度，确实很了不起。很多事就是这样，当你有达到某一目的的强烈愿望，并以这种愿望作为行动的内驱力时，就极有可能达到目的。

这是因为，不管是聪明也好，愚蠢也好，都不可能要风得风，要雨得雨；也不可能处处倒霉，步步不顺。如果达成目的的愿望不够强烈，一遇到不顺利，就可能退缩不前，又怎能步入后面的顺境？而具有坚定信念的人，眼光盯着自己的目标，不以一时一事动摇自己的决心。这样，将逆境闯过去，在顺利时求发展，自然能一步一步走向成功。

同时，上例也告诉我们敢想敢做敢于尝试，才能取得成功。与其不尝试而失败，不如尝试了再失败，不战而败是一种极端怯懦的行为。如果想成为一个成功者，就必须具备坚强的毅力，以及勇气和胆略。

当然，敢冒风险并非铤而走险，敢冒风险的勇气和胆略是建立在对客观现实的科学分析的基础之上的。顺应客观规律，加上主观努力、乐观的心态，力争从风险中获得利益，这是成功者必备的心理素质。

♡ 做个无所畏惧的自己

有的人总担心别人瞧不起自己，总是过多地关注别人的看法和眼光，却极少去想如何做个无所畏惧的自己。当一个人缺乏勇气，就会陷入不安、胆怯、忧虑、嫉妒、愤怒的旋涡中。所以，当别人瞧不起自己时，不要以怯懦示人，而应勇敢地去面对，做个无所畏惧的自己。

要消除这些不良心态，只有一种解药，即勇敢的精神。勇气是世界上无所不能的武器，有了它，自信也将会随之而来。

每一个成功者都知道，在他们为之奋斗的目标中，绝对不可能是一帆风顺的。但他们从不会因此而退缩，更不会轻言放弃。而没有勇气的人如一只"惊弓之鸟"，事业上、生活中的任何一点点风吹草动和坎坷磨难，都足以令他们陷入惶惶不可终日的巨大恐惧中。

美国第一大汽车制造商——亨利·福特在取得成功之后，便成了众人羡慕的人物。有的人觉得他是由于运气，或者是得益于有影响的朋友的帮助，或者说他本身就是一个管理天才，或者他具有常人所认为的形形色色的"秘诀"——所以福特成功了。

事实上只要了解一下福特的行事风格，就可完全知悉他成功的"秘诀"。

多年前，亨利·福特决定改进著名的T型车的发动机的汽缸。他要制造一个具有铸成一体的八个汽缸的引擎，便指示工程人员去设计。可是，当时所有工程技术人员无不认为，要制造这样的引擎是不可能的。

听完技术人员的介绍后，福特没有气馁，他用无可反驳的语气说："无论如何要生产这种引擎。"在这种勇气面前，任何困难和挫折都成了它的手下败将。

最后的情形是怎样的呢？后来这种发动机装到最好的汽车上了，使福特和他的公司把他们最有力的竞争者，远远地抛到了后面。

福特的勇气给了技术人员必然成功的心态。他的勇气也让参与研制开发的人员没有任何退路可走。"置之死地而后生"，他们只能孤注一掷，只能成功。

敢于应对挑战的人就是在这样的情形下，把一个个奇迹变成了现实；把一个个不可能变为了可能。

一个人做事就是要具有福特那样的气概，怀有非凡的勇气、决不罢休的气势，在人生战场上劈波斩浪，勇往直前，才会无往而不胜。

让我们克服怯懦与恐惧，打起精神行动吧：

1. 抹去没有意义的期限

应该避免为每一件事机械地安排期限，特别是在你根本不知道自己什么时候才能完成的情况下。你应该以一种认真、职业、让人满意的方式制订目标。换句话说，只要能让事情更好地完成，就不要强迫自己。节省一点儿精力，节省一点儿能量，因为在我们的生活中没有什么真正的期限。

2. 先做最需要做的事

出于很多原因，我们经常耽误一些更重要、更紧迫的事，而把时间浪费在关注鸡毛蒜皮的小事上。每天清晨，花几分钟时间考虑一下哪些项目是目前最需要完成的，然后再开始做，不必走弯路，也不必在中间掺和其他一些事情进来。完成之后再进行下一项最关键的事。按照这种顺序，压力自然会消失。

3. 尝试不熟悉的事物

对于你的每一天，你并不总是一定要遵循暗淡无光的同一个足迹。打破那灰黑的陈规，以新鲜方式经历新的一天。也许这是一些简单的事情：在外面吃一顿早餐，上班走一条不同的路，造访一个你每天路过却从来没进去过的商店或吸引人的地方，改变穿衣方式，改变对待别人的态度或与别人交往的方式。你有能力改变自己的前景，从而向你所做的每一件事中注入兴奋和变化，打破生活中单调的陈规，消除一切烦恼。

4. 你可以什么事都不做

什么都不做也没什么错。实际上，每天留点儿时间坐一会儿，不会有大碍。坐下来，放松身体和精神，或者闲逛一会儿，把大脑中乱七八糟的事都撂在一边。首先，当你认为不做任何事是停工时，你会变得异常焦虑——你本可以做一些事，却浪费了这些时间。但你想想，实际上，你正在做事情。你正在释放思维空间，活着不只是你正在做的事情，也是你目前所处的状态。

5. 没有难过哪来生活

无论你如何精心设计，或者想象事情会如何发展，或相信事情应该如此……有些事总会让你感到迷惑、难堪或不平衡。你也不能解释为什么会这样。也许是因为你的情绪、你的身体状况、航班、天气……或者是因为所有这些因素综合在一起。无论发生什么情况，都要有信心，相信这一切很快就会回到正常轨道上。

6. 你需要持久的耐力

真正的改变总是需要很长的时间、细小的改变、耐心的等候、微妙的决定加起来构成的。这样才会形成意义更重大、更深远的转型。这对你和其他人不是那么具有爆炸性，但也会不可避免地带来你想要的结果。耐心一些！如果你真的想要改变，就要培养持久的能力，而不是轻率地急于求成。记住：水滴石穿。

💗 抱怨和等待只会阻碍你成功

也许贫困的生活像枷锁一样困扰着你，没有亲朋好友，无依无靠地生活在异乡他国。你急切地希望减轻自己身上沉重的负担却感到越来越沉重。于是，你不停地抱怨，感叹命运的不公，抱怨父母、老板，抱怨上苍为何让你遭受贫困，却赐予他人富足和安逸。

停止你的抱怨吧，让烦躁的心情平静下来。你所埋怨的并不是导致你贫困的原因，根本原因就在你自身。你抱怨的行为本身，正说明你倒霉的处境是咎由自取。

喜欢抱怨的人在世上没有立足之地的，没有人会因为坏脾气和消极负面的心态而获得奖励和提升。最成功的人往往是那些积极进取、乐于助人，能适时给他人鼓励和赞美的人。身居高位之人，往往会鼓励他人像自己一样快乐和热情。但是，依然有些人无法体会这种用意，将诉苦和抱怨视为理所当然。

如果你不知道自己要什么，就别抱怨老板不给你机会。那些喜欢大声抱怨自己缺乏机会的人，往往是在为自己的失败找借口。成功者不善于也不需要编制借口，因为他们能为自己的行为和目标负责，也能享受自己努力的成果。

人往往是在克服困难的过程中产生勇气、培养坚毅和高尚的品格的。常常抱怨的人，终其一生都不会有真正的成就。

威尔逊先生是一位成功的商业家，他从一个普普通通的事务所小职员做起，经过多年的奋斗，终于拥有了自己的公司、办公楼，并且受到了人们的尊敬。

有一天，威尔逊先生从他的办公楼走出来，刚走到街上，就听见身后传来"嗒嗒嗒"的声音，那是盲人用竹竿敲打地面的声响。威尔逊先生愣了一下，缓缓地转过身。

那盲人感觉到前面有人，连忙打起精神，上前说道："尊敬的先生，您一定发现我是一个可怜的盲人，能不能占用您一点点时间呢？"

威尔逊先生说："我要去会见一个重要的客户，你要什么就快说吧。"

盲人在一个包里摸索了半天，掏出一个打火机，放到威尔逊先生的手里，说："先生，这个打火机只卖一美元，这可是最好的打火机啊。"

威尔逊先生听了，叹口气，把手伸进西服口袋，掏出一张钞票递给盲人："我不抽烟，但我愿意帮助你。这个打火机，也许我可以送给开电梯的小伙子。"

盲人用手摸了一下那张钞票，竟然是一百美元！他用颤抖的手反复抚摸这钱，嘴里连连感激着："您是我遇见过的最慷慨的先生！仁慈的富人啊，我为您祈祷！上帝保佑您！"

威尔逊先生笑了笑，正准备走，盲人拉住他，又喋喋不休地说："您不知道，我并不是一生下来就瞎的。都是23年前布尔顿的那次事故！太可怕了！"

威尔逊先生一震，问道："你是在那次化工厂爆炸中失明的吗？"

盲人仿佛遇见了知音，兴奋得连连点头："是啊是啊，您也知道？这也难怪，那次光炸死的人就有93个，伤的人有好几百，可是头条新闻啊！"

盲人想用自己的遭遇打动对方，争取多得到一些钱，他可怜巴巴地说了下来："我真可怜啊！到处流浪、孤苦伶仃，吃了上顿没下顿，死了都没人知道！"他越说越激动："您不知道当时的情况，火一下子冒了出来！仿佛是从地狱中冒出来的！逃命的人群都挤在一起，我好不容易冲到门口，可一个大个子在我身后大喊：'让我先出去！我还年轻，我不想死！'他把我推倒了，踩着我的身体跑了出去！我失去了知觉，等我醒来，就成了瞎子，命运真不公平啊！"

威尔逊先生冷冷地道："事实恐怕不是这样吧？你说反了。"

盲人一惊，用空洞的眼睛呆呆地对着威尔逊先生。

威尔逊先生一字一顿地说："我当时也在布尔顿化工厂当工人，是你从我的身上踏过去的！你长得比我高大，你说的那句话，我永远都忘不了！"

盲人站了好长时间，突然一把抓住威尔逊先生，爆发出一阵大笑："这就是命运啊！不公平的命运！你在里面，现在出人头地了，我跑了出去，却成了一个没有用的瞎子！"

威尔逊先生用力推开盲人的手，举起了手中一根精致的棕榈手杖，平静地说："你知道吗？我也是一个瞎子。你相信命运，可是我不信。"

确实，世界总是不公平的，没有必要去抱怨。你大可不必为自己的点点得失而大喊不公，应该正视现实，承认生活确实是不公平的。

承认生活并不公平这一事实的一个好处便是它激励我们去尽己所能，而不再自我伤感。它正表明我们应该这样做。当我们没有意识到或不承认生活并不公平时，我们往往怜悯他人也怜悯自己，而怜悯自然是一种于事无补的失败情绪，它只能令人感觉现在比过去更糟。

　　我们偶尔会抱怨，心里莫名的烦恼，这主要是因为我们的心中都打了或多或少的绳结，它们的存在使我们不能痛快地享受生活的乐趣，无法看到人生的美景。其实，聪明人都应该培养自己摆脱绳结的能力，这样才能使我们以一颗平常心来看待烦恼，进而摆脱烦恼。

　　要想心情好，没事笑一笑。凡事不多想，烦恼不见了。

💙 你的优势就是你的王牌

初开车的朋友，都有过这种感受：当车驶上立交桥时，望着纵横交错的道路，经常会茫然不知所措。如果选错了路，下一个出口不一定在什么地方，要想到达目的地，就要多费周折。

其实人生也是这样，今天你站在哪里并不重要，重要的是你下一步该迈向哪里。方向正确，永远比跑得快重要。方向错误，哪怕你奔波劳碌，终其一生，也不能到达你向往的地方。

如何选择正确的人生方向，有一条重要经验：从自己最熟悉的行业起步，做自己最擅长的工作。因为成功就在你胜任的地方。

游鱼只有在水中才能找到自己的乐园；飞鸟只有在天空中才能自由飞翔；老虎只有在山中才是百兽之王；麻雀是林梢上的英雄，不适合住在笼子里；农民出演教授，总有些找不到感觉；画家创作歌曲，味道总有些不专业……

大投资家、"股神"巴菲特的一个成功秘诀是：不投资自己不熟悉的行业。这也是成功人士的一个共同特点。无论是进行金钱投资还是智力投资，在自己熟悉且胜任的行业，总是比较容易获得成功。

天下没有低贱的职业，只要你做得比别人更好，在任何行业你都能成功。

怎样比别人做得更好呢？勤奋与敬业必不可少，但只有这两条还远远不够。你最好把努力方向定在自己的强势项目上。

对没有经验的新人来说，你的天赋即是你的强势项目。这是你最容易出成果的地方。

人们常常花上几十年的时间从事某项工作，却很少花上几个小时考虑自己在这个工作中拥有哪些优势。优势或者天赋表现在如果你在持续地做某件事时，你能够乐在其中，就是说在工作本身中就能够获得。

优势并不一定都是某类工作，他更可能是工作中的某个方面，如做事谨慎、心细；如做人热情有威信；也可能是自己热爱的某个价值观念，如思考，成就，信仰，公正等。

优势在工作中的体现就是乐在工作。有的人以为工作和享受是两个完全不同的事情，工作是辛苦的，人们不得不从事工作是为了赚钱，而享受无比的快乐，却是要花钱的。我有一个朋友，他非常喜欢花艺，他除了在自己的后院里养上各种花之外，他还为邻居养花，给他们讲解花艺，让邻居们能够享受花带来的清香。这个朋友生活很清贫，因为他常常失业。邻居们聚集在一起商量了一下，决定聘请他来做他们的花艺师，每个星期都上门服务，为此他可以得到一笔养家的钱。这个朋友听说后，难以接受邻居的意思，一下子人际关系变得紧张起来了。他认为，做快乐的事情是不可以赚钱的，工作一定是枯燥的。

有人说：干一行，爱一行。你越是抱着快乐的心情去工作，你就越能够发挥自己的优势，你的为人处事就越会卓有成效。

除此之外，我们还要强调：爱一行，干一行。选择自己最喜欢的工作，你就变得更快乐，你就更可能成功。

每个人都有长处和短处。然而，有的人却将注意力过多地集中到自己的某些弱势上，看不到自己的长处和优点。他们万般苦恼自卑，认为是因为有了那些弱势而不能获得成功。其实，尺有所短，寸有所长，金无足赤，人无完人，每个人身上都会有某种弱势，关键看你怎么对待它。

有些所谓的弱势，对个人的工作和生活并无什么妨碍，与其花大量的心思去讨厌它，弥补它，不如将时间精力用来关注、发展、渲染自己的长处，开发自己独特的天赋。当你的优势被发挥渲染到极致时，你的劣势就不再引人注目，你也就成功了。

当然，成功取决于弱势，其前提是你知道自己的弱势并以此挑战自己的潜能。而一旦你超越了自己的弱势，你便同时超越了你自己，成功也便会尾随而来。

被人称誉为"乐圣"的贝多芬，到了晚年耳朵完全聋了，他指挥的交响乐队在演奏，自己却听不到。听众向他发出雷鸣般的掌声，他也不知道，同伴向他示意的时候，他才猛醒地向观众致谢。

理想就在我们自身之中，同时妨碍我们实现理想的各种障碍，也是在我们自身之中。要想取得成功，不得不面对的第一大障碍就是自身。如果连自身的障碍都克服不了，那他根本没有克服其他障碍的可能。

因此，克服自身的障碍是成功的第一必要条件，也是想要成功者必须跨越的第一道阶梯。任何时候都不要轻易放弃，发掘自己的闪光点，带着信念，快乐前行，你的优势就是你的王牌。

♡ 自己也可以成为行家

骐骥一跃，不能千里；驽马十驾，功在不舍。世上无难事，只怕有心人。这些俗话说的都是一个道理，即做事要用心一处，不要蜻蜓点水。

楚国一位著名的钓鱼能手名叫詹何，据说他能够用一根蚕丝作为钓线，用芒草针作为钓钩，用小荆条或小竹条作钓竿，用半颗谷粒作诱饵，不管是在水流湍急的河中，还是在八百尺深的潭里，钓出的鱼要用车才能运走。而且他的鱼竿也不会有丝毫的损坏。

楚王也听说了詹何的钓术，很想知道其中的奥妙，于是把他召来，问他为什么有这么好的本领。

詹何笑道："先父曾经对我说过这么一件事。有一个叫蒲且子的人射鸟，用很弱小的弓，在箭上系上极细小的丝，趁着风势射出去，能够把在青云之上飞行的大雕射下来。他之所以能够这样，是因为他用心专一，动作灵敏。我从他射鸟中得到启发，就专心致志地琢磨钓鱼的诀窍，经过了五年之久才把这一套手艺练就。现在，当我在河边钓鱼的时候，我就能做到心里不去想任何别的事，把钓线抛入水中，钓钩沉到水里之后，我的手脚就不轻不重，任何事情也不能打乱我。我一动不动，两眼静静地注视着河水。鱼就会以为我的钓饵是水里的尘埃或者水中聚集的泡沫，不知不觉地吞了下去，我顺势轻轻一拉，大鱼就被我钓了上来。这就是我为什么能成为钓鱼能手的道理。"

楚王说："原来如此啊。要是我治理楚国能够引用这一道理，那普天之下的管理也就轻而易举了，你说是吗？"

詹何说："是啊，两者的道理是一样的。"

做事情只要坚持做到两点，就能顺遂人意：一是用心要专一，不能三心二意；二是勤学苦练，熟能生巧。而现在很多人却做不到这两点，对事物一知半解，还自以为是，"满罐子不响，半罐子叮当"就是对某些人的生动写照。

生活中之所以有许多人最终无法实现少年时代的梦想，原因就是他们同时涉足了太多的领域，由此难免会分散精力，这就阻碍了他们的进步，使得他们最终一事无成。他们没有采取一种更明智的做法，集中精力于某一个领域，咬定青山不放松，最终成为该领域所向无敌的行家高手；相反，他们选择了在很多领域成为三脚猫似的人物，四处出击，什么东西都有所涉猎，却又都是浮光掠影，浅尝辄止，最终只懂得一点皮毛。更明智的做法是将精力集中于某一个领域，最终成为该领域的行家里手。

也许我们的天资不高，能力有限，但是如果我们把精力全部集中在一个领域，就一定能做出惊人的成就。许多我们景仰的伟人，也不过是专心于一个领域的平常人。

他们从事的事业都不是那么的惊天动地，但是他们能把自己的大部分精力投注在上面，这就是他们成功的基础。

英国政治活动家、小说家爱德华·利顿说："有许多人看到我整日里如此忙碌，事无巨细无不顾及，竟然还能有时间来从事学问研究，他们都免不了奇怪地问我："你怎么会有那么多时间来完成了这样多的著述呢？你究竟有什么分身之术，可以做完这么多工作呢？'或许我的回答会令你大吃一惊，答案就是——我之所以能做到这一点，是因为我从来不同时做好几件事情……我游历了许多地方，所见甚广；在政界和各种各样的社会事务中，我也收获颇丰；除此之外，我在各地出版了大约六十卷著作，其中涉及到的许多课题是需要深入研究的。你认为通常一天中我会有多少时间用来研究、阅读和写作呢？我可以告诉你，不到三个小时，在国会开会期间，可能连三个小时都没有。然而，在这三个小时之内，我却是全神贯注地投入我的工作的，心无旁骛，用心极专。"

一个人如果全身心地追求某一目标，方法得当，鲜有不成功的。伟人之所以成其为伟人，成功者之所以能超越芸芸众生，就在于他们能够坚定不移地认准某个目标，并为之全力以赴，矢志不移。

一个人的成就与其精力的集中程度往往是成正比的，如果你不想再庸庸碌碌地生活下去，那就赶快确立你的人生目标，然后专心地投入精力，你也会成为某一领域的行家。

第三章

头脑发热最害人——清除"冲动"这个魔鬼

生活里有太多的逆境，它是生活中的偶然，但在理智面前偶然也会转化为令人快慰的必然。偶然与必然尽管有理论上的反差，但它却可在冷静和智慧中达到完美的统一。

冷静处世，是情感睿智的反映。在生活当中，冷静地面对社会百态，才能使我们的生活提升至较高品位。冷静是知识、智慧的独到涵养，更是理性、大度的深刻感悟。

我们必须避免头脑一热的冲动。否则，即便成功就在眼前，我们也可能在毛躁中遭遇失败。

♡ 正视自己，告别太多的欲求

生活不会一帆风顺，只有童话中的公主和王子才能享受永恒的欢乐。现实生活总是充满了挑战，有欢乐，也有痛苦。人之所以痛苦，皆因想要的太多。

人不能没有欲望，不然就会失去前进的动力，但是欲望又不能毫无止境。你想得到怎样的生活，就该付出怎样的辛苦。这是一个极具诱惑力的社会，这是一个欲望膨胀的年代，人们的心里总是塞满了欲望和奢求，追名逐利的现代人，总是奢求穿要高档名牌，吃要山珍海味，住要乡间别墅，行要宝马香车。一切都被欲望支配着。

法国杰出的启蒙哲学家卢梭曾对物欲太盛的人作过极为恰当的评价，他说："十岁时被点心、二十岁被恋人、三十岁被快乐、四十岁被野心、五十岁被贪婪所俘虏。人到什么时候才能只追求睿智呢？"的确，人心不能清净，是因为欲望太多，没有家产想家产，有了家产想当官，当了小官想大官……精神上永无宁静，永无快乐。

伟大的作家托尔斯泰曾讲过这样一个故事：有一个人想得到一块土地，地主就对他说，清早，你从这里往外跑，跑一段就插个旗杆，只要你在太阳落山前赶回来，插上旗杆的地都归你。那人就不要命地跑，太阳偏西了还不知足。太阳落山前，他是跑回来了，但人已精疲力竭，摔个跟头就再没起来。于是有人挖了个坑，就地埋了他。牧师在给这个人做祈祷的时候说："一个人要多少土地呢？就这么大。"

人生的许多沮丧都是因为你得不到想要的东西。其实，我们辛辛苦苦地奔波劳碌，最终的结局不都是只剩下埋葬我们身体的那点土地吗？伊索说的好："许多人想得到更多的东西，却把现在所拥有的也失去了。"这可以说是对得不偿失最好的诠释了。

其实，人人都有欲望，都想过美满幸福的生活，都希望丰衣足食，这是人之常情。但是，如果把这种欲望变成不正当的欲求，变成无止境的贪婪，那我们就无形中成了欲望的奴隶了。在欲望的支配下，我们不得不为了权力，为了地位，为了金钱而削尖了脑袋向里钻。我们常常感到自己非常累，但是仍觉得不满足，因为在我们看来，很多人比自己的生活更富足，很多人的权力比自己大。所以我们别无出路，只能硬着头皮往前冲，在无奈中透支着体力、精力与生命。

古人云："达亦不足贵，穷亦不足悲。"当年陶渊明荷锄自种，嵇康树下锻铁，他们能于利不趋，于色不近，于失不馁，于得不骄。这样的生活，也不失为人生的一种极高境界！

人生好像一条河，有其源头，有其流程，有其终点。不管生命的河流有多长，最终都要到达终点，流入海洋，人生终有尽头。活着的时候，少一点欲望，多一点快乐，有什么不好呢？

其实，当你甩掉无穷的欲望，心中坚定一个理想，你希望成为什么样的人，你将来就是什么样的人。我们应该相信：只要有远大的目标，有积极的心态，就有可能创造奇迹，也就有可能改变世界。

成功是每一个人朝思暮想的美梦。这个梦与生命同在，至死方休。

按照弗洛伊德的理论，人生来就有"做伟人"的欲望。"做伟人"其实就是"成功"的集中表现。在弗洛伊德之后的一些心理学家经过研究，也得出一个相似的结论：不论民族、文化、历史、家庭、性别和年龄，人天生就有爱受赞美、喜爱被尊重的强烈愿望和倾向。这是"人"的共性。因此，可以这么说，成功的渴求与生俱来——因为，成功是获得赞美与尊重最有效的途径。

正如美国的教育家约翰·杜威所言，人类本质里最深远的驱策力是"希望有重要性"。所以，追求成功是人类的一种精神需求上的本能。绝大多数人能坚韧不拔地走完人生历程，就是因为成功的渴望始终存在。成功意味着富足、健康、幸福、快乐、力量……在人类社会里，这些东西总能获得最多的尊重和赞美。普天之下，人人都想追求成功，无关贫富贵贱。

美国著名实业家洛克菲勒曾对儿子说："西恩，我记得我曾对你说过你在现在这种年龄，务必做好的事情就是想好10年之后从事什么工作，你对将来必须具有想象力。"

无论你现在处于什么环境，你要在心里问自己一个重要的问题：我将来想成为什么人？无论是否有人对你说过"这是不可能的"，这对你来说并不重要。重要的只有一点，如果有一个人不同意这个说法，那这个人就应该是你自己。

成功的道路并不拥挤，因为很少有人坚持到最后。当你重新审度自己，告别那些漫无边际的欲望，脚踏实地地走好脚下的路，你的人生自会迎来辉煌与佳绩。

♡ 你是不受欢迎的偏执狂吗

一位正值壮年的某国家机关工作人员，跳槽到某公司担任部门主管。

到了新公司后，他深感压力之大和竞争之激烈，只要稍有不慎，就有遭到淘汰的危险，他不得不承受快速的工作和生活节奏。另外，由于工作环境的改变，他对自己的期望值也高了起来。但最近他的身体也越来越差，经常失眠、做恶梦，记忆力开始下降，心情变得烦躁不安，动辄发火，有时甚至什么事也不想做，似乎已经心力交瘁。这是应激反应综合症的典型表现。

应激反应综合症是伴随着现代社会发展而出现的，直到近些年才受到世界各国的注意。这种病不仅与现代社会的快节奏有关，更与长期反复出现的心理紧张有关，如因怕遭解聘、怕被淘汰、怕不受重视而不得不承受来自工作、生活的压力和心理负担等，再加上家庭纠葛和自我期望过高。至于失眠、疲劳、情绪激动、焦躁不安、爱发脾气、多疑、孤独、对外界事物兴趣减退、对工作产生烦躁感等，则是应激反应综合症的先兆。

罗丝是一家电脑公司的部门主管，她为人很热情，工作能力也很强。可是，她特别爱与别人发生争执，而且脾气一上来，总是大喊大叫，还经常痛哭流涕，让旁人非常尴尬和不悦。结果她的人际关系变得非常紧张。

在办公室内，是否可以发脾气或与人发生争执？有时候，某些事情你实在很看不过去，觉得受到不公平待遇，实在很想发作，但是为了顾及颜面，你勉强忍了下来。而你知道问题还是没有解决，愤怒不满的情绪仍然憋在心里，随时都有可能引爆出来。不巧，当你转过身去，看到一个同样满肚子怨气的家伙正对着你咆哮，他不自觉地嗓门愈扯愈大，分贝愈升愈高，这时，你可能的反应是——受到惊吓而不知所措？视若无睹地掉头走开？还是怒不可遏地反击回去？

美国有两位心理专家曾经针对一些上班族做过调查，结果得知有70%以上的人都承认，他们在办公室中曾经有过愤怒、焦虑、哭泣、哽咽的情况。对这些上班族而言，这是个"秘密"的经验，他们不希望被别人知晓，以免使自己变得很窘迫。调查发现，工作压力大的公司职员，有半数都产生过"揍同事"的念头！这并非耸人听闻，而是英国近日公布的一项调查结果。据称，高负荷的工作、爱出毛病的电脑还有惹人烦的同事都是这种"愤怒"的根源。而且，女性比男性更容易发火。在调查中，51%的女性称自己曾动过"暴揍同事"的念头。相比之下，男性还绅士一些，只有39%的人想过要打别人出气。

如果你观察，很容易就可以感受到工作上所遭受的压力、挫折、误会、争论、沟通不良等负面情绪随时存在，并且潜藏在工作场所的每一个角落。

一般人大都把在办公室内争吵视为禁忌，凡是愤怒、喧闹、轻佻、悲痛、焦虑、哭泣等这些情绪化的反应，都不应该出现在工作场所。因为，发脾气或许很有效，但是也很危险，它可能为你树立更多的敌人。

　　是的，我们一直相信：办公室应该是冷静、理智的地方，那些情绪容易激动的人，不应该出现在办公室。但，如果你周身散发阳光般快乐，任何一个场合都欢迎。

♥ 有条理才能让事情更靠谱

某杂志刊载了这样一个故事：有一个老商人，他在一个小市镇里做了几年的地产生意，到后来竟完全失败了。当债主跑来讨债时，他正在紧皱眉，思索他失败的原因。

"我为什么会失败呢？"他说，"我对于主顾不是很客气吗？"

"你完全可以再从头干一下，"债主说，"你看你不是还有不少财产吗？"

"什么？从头开始？"

"是啊！你应该开出一张资产负债表来，好好地清算一下，然后从头做起。"

"你的意思是说我得把所有的资产和负债都详细算一番，写成一张表格吗？我得把我的门面、地板、桌椅、茶几、书架都重新洗刷油漆一番，弄成新开张的样子吗？"

"是啊！"

"这些事我早在15年前就想动手去做了，但后来因为我沉溺在参观拳击竞赛中，至今还不曾动手。现在我知道我几年来失败到如此地步的原因了！"

尤其是在大都市里做生意，更要把一切事情、一切物品都弄得有条有理。美国信托行业公会的会长说："根据我几年来和一般大公司商号交往所得的经验，他们的老板随时都能获得有关公司营业的报告，能对整个公司的情形了如指掌，一定不会失败。"

无论你是在大都市里或城镇里经营生意，你都应该把物资管理得清洁整齐，把账目记得清清楚楚——这是最重要的一件事。那些把什么事都弄得乱七八糟的人，终有一天要跌倒的。

有不少商家，往往把货物堆积得七倒八歪，没有良好的管理。偶尔来个主顾要买某件物品时，店员就要翻来覆去地耽误半天工夫才能找到。

有许多青年也是一样，他们生来有一种古怪脾气，任何事情都只随随便便搪塞一下了事，从不想应该怎样做得更好。他们脱下衣裳解下领带就随手东丢西抛。遇到他们不得不放下手中的事情跑开一趟时，就不管事情已经做到哪里，立刻顺手抛开，等着回来后继续再做。这种青年一旦踏入社会，干起事业来，一定把自己的四周弄成一团糟，对于任何事也一定抱着"搪塞主义"的态度。

如果你多费一点时间和精力，把你的事情做出一种结果，把你的东西收拾放好；当你将来再继续下去，再要把东西找出来时，会省去很多时间和精力，更省掉很多无谓的纠纷与烦恼。

有些人常常对自己的失败想不出所以然来。其实他面前的那张写字台已经把其中的缘故老老实实地告诉他了：台面上东一堆乱纸，西一堆信札；抽屉里好像塞满了棉花一般；书架上报纸、文件、信纸、原稿、便条都杂七杂八地塞得水泄不通。

我们身边的一切用具和陈设都是揭发我们习气最忠实的证人。我们的行动、谈吐、态度、举止、眼睛、衣服、装饰等也都在老实而毫不客气地告发我们是一个怎样的人。它们把你自己也莫名其妙的失败原因一五一十地说了出来，把你自己也不知其所以然的穷困理由，也原原本本地告诉了你。

做任何事情，千万不要做做停停，停了再做。往往有许多人，今天说得一篇大道理，明天就没有一点事了，也不见任何行动，更别说事先按规划行事了。他们不知道，任何事业绝非那样一吹法螺就可成功，非聚精会神、有条不紊、持之以恒、不断地努力不可！

简·莫尼克是美国康涅狄克州一家公司的市场部顾问。她对待压力的观点是：由生活、工作所产生的心理压力是不可避免的现代病之一。对待的方法不应是回避而是正确处理。她常说："主动、正确地去处理各种问题、困难，你得到的回报是快乐和自信；相反，被动应付的做法则使你疲惫不堪。"

她的有力武器有两件：第一件是周密的工作计划，无论你选用计算机或铅笔和纸来做都无关紧要，重要的是用制定计划的方法来保持清醒的头脑，明确先做什么后做什么、哪些是最重要的和哪些是次重要的……

"那么，每天面对一份如此详尽的工作计划，你不觉得累吗？"当有人这样问她时。"噢，不！一点也不！"伴随着轻松的笑声，简亮出了她的第二件"武器"：那就是灵活性。"我的计划本身就具有相当的灵活性，我不仅计划'要做什么'，也计划'可以不做什么'。"简不无幽默地说："比如陪孩子看场足球赛，每月与丈夫外出共进一顿浪漫的晚餐，这些都没写进我的计划里，却是非做不可的，别的事则可以量力而行。记住，'非做不可的事情'不能太多。"

当我们面对繁重的工作压力时，想一想，是什么导致我们压力重重、疲惫不堪？其实，我们完全可以事先做好规划，一步步地、心平气和地完成每一步骤。这样，我们才会充实地度过每一天。内心充实了，你又何来烦恼呢？

♡ 适可而止是一种人生态度

曾经有一段时间，全国不少地方相继举办了内容不一、形式多样的彩票活动，有的奖项高达几十万元，甚至上百万元。这些活动吸引了很多人前去"一买为快"。有的人甚至沉迷其中，不能自拔。

老王对购买彩票甚是痴迷，三天两头地去购买，每次都买二三十元的，结果工资花去了大半，那大奖仍与他无缘，使得家中的日子顿显尴尬。其实，购买社会福利彩票，只是向社会公益事业献爱心的一点表示，若家中财力允许可多购买些，若家中财力一般或根本无财力购买就要"点到为止"，购买几张表示一下爱心即可。大家不妨算一下，奖金设得越高，人们获奖的机会就会越少，一个百万元大奖，能中的概率实际是几十万分之一。倾其所有购买彩票，一旦中不上大奖，造成家庭经济困难不说，还会引发家庭矛盾，给和谐的家庭生活平添不少烦恼。值得吗？

谈及购买彩票，老王深有感触地说："购彩票要适可而止，不可不顾及家中财力而盲目购买。"所幸他及早醒悟，否则，家中的日子会更加窘迫不已。

凡事讲究适可而止，这是一种人生经验。

有一个美国人喝咖啡的趣事：

艾森豪威尔总统有一次访问麦斯威尔咖啡工厂。厂主请他品尝咖啡，他一口气就喝完，赞赏地说："喝到最后一滴都是香的。"说完还举起杯子倒给在场的人看，果然一滴不剩。总统的这一举动启示了厂主的广告创意，此后便打出了"喝到最后一滴都是香的"的广告词，而且在包装上也绘有一只倒空最后一滴的咖啡杯。

试想，假如他觉得好喝，接连再喝几杯，那就未必有那么香醇的感觉了。要是怀着不喝白不喝的心态，过多地饮用，也只会令腹胀难受，肯定不是一种享受。

事实上，在我们每个人的心里都有这么一个杯子。我们是恰到好处、怀着感激的心品味生活的美好呢，还是无休止地贪婪地往里面装满种种想要的东西呢？现实生活告诉我们，"适可而止"四字十分关键，许多事情，只有适度了才是最美好的。在人际交往中，我们越来越感到动用一些适度技巧可以赢得他人的好感，使交往双方事情办理得更加顺畅，也更能促使友谊天长地久。但有些人不是这样，而是过于讲究，甚至到了苛求的地步，造成的负面影响也是可想而知的。有的人因为过度的装腔作势、矫揉造作而令人作呕，极容易造成诸多个人信息的失真、误解，因而"聪明反被聪明误"。

在说话方面也要有度，在人际交往中应有利有节，即便给对方面子也不要明显地刻意奉承，更不能过于夸张。花钱方面也是如此，在个人消费中不应贪得无厌，不应为了炫耀而打脸充胖子，在许多场合，要做到面子光彩，更需要有内在气质，真正体现适可而止的尺度。

最好的办法是不争功。当你挖空心思想出一个好主意，或者你勤奋工作为公司发展做出了极大贡献时，却有人试图把这份功劳归为己有。面对这种情况，你该怎么办？下面几种方法或许对你有所帮助。

1. 用微信或短信澄清事实

写的微信或短信不能有任何坏的影响，内容一定不能让对方产生不快。写信的主要目的是要委婉地提醒一下对方，自己当初随便提出的想法，是怎样演变到今天这个令人欣喜的样子。在信中适当的地方，你可以写上有关的日期、标题，可以引用任何现存的书面证据。在短信的最后要建议进行一次面对面的讨论，这是很重要的，这能让你有机会再次含蓄加强一下你的真正意思：这主意是我想出来的。

2. 夸赞对方并表明态度

对这个同事独一无二的才能和见解大加赞赏，这种方法对职业女性来说特别需要。很多研究者发现，女性员工喜欢从"我们"的角度而不是"我"的角度来做事，所以她们的想法和首创就常常会被男性同事挪用。如果着眼于事情的积极一面，你的同事也是想方设法要干出最好的工作，而且他（她）对要做的事情有独到的看法，也许会有助于你解决这个可能很棘手的问题。

3. 退出争夺口水战

初看起来，这似乎不是一种方法，或者不能算是一种很好的方法。但对某些人来讲，这或许是最好的。在某些情况下，比如你正要接受一次重要的提升，要付出大量的时间和精力；或者除了"原则问题"之外其他并无妨碍。在这些情况下退出争夺战显然是明智之举，是上上之策。

适可而止，见好便收，是智者的忠告，更是处世的艺术。

♥ 有的东西你不必强求

从前，一个想发财的人得到了一张藏宝图，上面标明了在密林深处的一连串宝藏。他立即准备好了一切旅行用具，特别是他还找出了四五个大袋子用来装宝物。

一切就绪后，他进入了那片密林。他斩断了挡路的荆棘，趟过了小溪，冒险冲过了沼泽地，终于找到了第一个宝藏，满屋的金币熠熠夺目。他急忙掏出袋子，把所有的金币装进了口袋。离开这一宝藏时，他看到了门上的一行字："知足常乐，适可而止。"

他笑了笑，心想，有谁会丢下这闪光的金币呢？于是，他没留下一枚金币，扛着大袋子找到了第二个宝藏，出现在眼前的是成堆的金条。他见状，兴奋得不得了，依旧把所有的金条放进了袋子，当他拿起最后一条时，上面刻着："放弃了下一个屋子中的宝物，你会得到更宝贵的东西。"

他看了这一行字后，更迫不及待地走进了第三个宝藏，里面有一块磐石般大小的钻石。他发红的眼睛中泛着亮光，贪婪的双手抬起这块钻石，将其放入袋子。他发现，这块钻石下面有一扇小门，心想，下面一定有更多的东西。于是，他毫不迟疑地打开门，跳了下去。谁知，等着他的不是金银财宝，而是一片流沙。他在流沙中不停地挣扎着，可是越挣扎他陷得越深，最终与金币、金条和钻石一起长埋在了流沙下。

如果这个人能在看了警示后离开的话，能在跳下去之前多想一想，那么他就会平安地返回，成为一个真正的富翁了。放弃，从某种意义上来讲，给了自己一个生存的空间，给了自己一条走向成功的道路……

谁说喜欢一样东西就一定要得到它？有时候，有些人，为了得到他喜欢的东西，殚精竭虑，费尽心机，更甚者可能会不择手段，以致走向极端。也许他得到了他喜欢的东西，但是在他追逐的过程中，失去的东西也无法计算，他付出的代价是其得到的东西所无法弥补的，也许那代价是沉重的，直到最后才会被他发现罢了。其实喜欢一样东西，不一定要得到它。

因为有时候为了强求一样东西而令自己的身心都疲惫不堪，是很不划算的。有些东西是"只可远观而不可近瞧的"，一旦你得到了它，日子一久你可能会发现其实它并不如原本想象中的那么好。如果你再发现你失去的和放弃的东西更珍贵的时候，我想你一定会懊恼不已。所以也常有这样的一句话："得不到的东西永远是最好的"。所以当你喜欢一样东西时，得到它并不是你最明智的选择。

不想占有就不会太坎坷，所以，无论是喜欢一样东西也好，喜欢一个位置也罢，与其让自己负累，不如放轻松地面对，即使有一天放弃或者离开，你也学会了平静。

罗马哲学家塞尼逊有句名言："人最大的财富，是在于无欲。如果你不能对现有的一切感到满足，那么纵使让你拥有全世界，你也不会幸福的。"生活中，有一些人总是羡慕别人的生活，羡慕别人美丽的容颜，羡慕别人庞大的财富……其实，是他们忽略了自己拥有的一切，安定的工作、和睦的家庭、健康的身体、知心的朋友，而这些也是别人梦寐以求的。所以别让这种美好的生活从身边悄然溜掉，请珍惜你已经拥有的快乐和幸福，学着做个知足的人。

曾经有人说过这样一段话：

如果早上醒来，你发现自己还能够自由呼吸，你就比在这一周离开人世的100万人更有福气。

如果你从未经历过战争的危险、被囚禁的孤单、受折磨的痛苦和忍饥挨饿的难受……你已经好过世上的5亿人。

如果你的冰箱里有食物，身上有足够的衣服，有屋栖身，你已经比世界70％的人富足。

如果你的银行户头有存款，包里有现金，你已经身居世界上最富有的80％的人之列。

如果你的双亲仍然在世，没有分居或离婚，你已属于稀少的一群。

如果你能抬起头，带着微笑，内心充满感恩，你是真的幸福——因为世界上大部分的人可以这么做，但是他们没有。

如果你能握着一个人的手，拥抱他，或者只是在他的肩膀上拍一下……你的确有福气，因为你所做的已经等同于上帝才能做到的。

所以，有的东西你不必太过强求，你拥有的就已足够！

♥ 别着急，幸运很快会垂青你

常在商店中见到一尊佛像，但这尊佛像与其他的佛像大异其趣。他光着大肚皮坐卧于地，咧嘴露牙地捧腹大笑，看起来特别具有亲和力及喜悦感。他便是"大肚能容，了却人间多少事；满腔欢喜，笑开天下古今愁"的弥勒佛。

弥勒佛之所以令人敬服，就在于他的"大度"。一件事有许多角度，有好的一面，亦有坏的一面；有乐观的一面，亦有悲观的一面。就好比一个碗缺了个角，乍看之下，好似不能再用；若肯转个角度来看，你将发现，那个碗的其他地方都是好的，还是可以用的。若凡事皆能往好的、乐观的方向看，必将会希望无穷；反之，一味地往坏的、悲观的方向看，定觉兴致索然。

我们生活中所遇到的每个问题都会在某个时间，由某个人用某种方法给予解答。

在这个科技不断发展、竞争白热化的时代，我们每个人随时都将面临被淘汰的结果。经济危机、就业危机使我们中的一部分人陷入了无限的焦虑，甚至是恐惧，这种情绪对我们心理施加了压力，进而导致了我们悲观绝望的心态。我们应当努力克服它，学会在黑暗中寻找光明。

生活中失败和挫折是难免的，问题的关键是当挫折和失败来临时，我们应该仔细地分析它，进而得到解决问题的方法。千万不要放大挫折，它未必是我们想像得那么糟，更不要把失败归结于命运，认为所有的挫折都是冥冥之中注定的。这样的话，在困难面前，我们会失去主动权而变得被动。

下面我们一起分享一个化阻力为动力的故事：

在美国的一个小镇，有一位在市场上卖香蕉的小贩，由于他人缘特别好，再加上他所卖的香蕉品质上乘，所以生意一直非常好。

有一天，在市场的一个角落突然冒出了火苗，并四处燃烧起来，还好，消防车来得快，很快地把火扑灭了，所以火苗并没有烧到这位卖香蕉小贩的摊位。但是由于温度过高，隔了没多久那些香蕉的表皮上全都长满了一些黑色的小斑点，虽然肉质并没有变坏，但是看起来总是不雅，谁还会买来吃呢？

小贩眼看着就要亏本，心中十分懊恼，问题既然发生了，总是要解决的，他相信一定会有办法，所以就趁市场重新整修之际，他换了个地方继续卖香蕉，而原来那批有黑点的香蕉他想了一个法子来促销，结果竟然还销售一空了。

原来当他一筹莫展望着香蕉的时候，突然灵感闪现，他想香蕉上长满了黑色小斑点，远远看去就好像芝麻撒在香蕉上一样，既然如此，为什么不给它取个"芝麻蕉"的新名称，结果引起了大家的好奇，大家相信这种香蕉一定是更香更甜，味更美，所以争相购买，成了畅销品。

通过这个故事，不知你是否悟出这样一个道理：当我们在困境中如果能保持乐观的想法，那么，我们终究会获得解决困境的方法。如果我们只盯着当时不好的局面，让困惑笼罩，我们的问题不但不会得到解决，反而会更加恶化。当我们为没有鞋穿而苦恼时，有人已失去了脚，当我们为没有脚而痛苦时，也许有人连生命都失去了。

孩子只有3岁，晚餐时，每每执着汤匙要"自己来"，但次次皆被母亲夺走，而母亲通常的回答是："你还不会。"后来，孩子竟改口道："你帮我。"由此可见，孩子的热情被一而再、再而三地浇灭后，便容易产生依赖性。久而久之，将变成一个怕做错事而受嘲骂、缺乏自信的人，等到将来长大，自然会畏畏缩缩，没有勇气尝试突破困境。

凡事往好的方面想，自然会心胸宽大，也较能容纳别人的意见。宽大的心胸不但可以使人由别的角度去看事情，更能使自己过着其乐自得的日子。

我们应该效法弥勒佛笑口常开的个性，并学习他用积极开朗的态度去解决一切问题。在这充满争斗的繁华世界之中，唯有以最自然无争的态度，并处处流露服务他人的意念，才能散发人性至真、至善、至美的光明面。

西谚有云："当你笑时，全世界都跟着你笑；当你哭泣时，只有你一人哭泣。"如果你想要有福气，在每天出门时就多练习微笑吧！

第四章

坚定信念，无悔一生——好心情成就好人生

一个人什么都可以没有，但唯独不能没有信念。人生如船，信念如舵。人无信念，就如无舵之船，只能顺水漂流，没有方向。人生的法则就是信念的法则。获得成功的人，他觉得唯有信念方能左右命运，因此他只相信自己的信念。

拿破仑说："能控制好自己情绪的人，比能拿下一座城池的将军更伟大。"可见，控制情绪对于整个人生的发展是多么重要！那么，如何让自己始终保持好心态，让好情绪离不开你？那就是心怀感恩，心有爱意。在顺境中感恩，在逆境中依旧身心愉悦，远离愤怒，认真快乐地生活，豁达宽容地处世，用理智驾驭情感，这样方能赢得快乐的人生。

♡ 坚定信念方能成就自我

强者不是天生的，强者之所以成为强者，在于他善于战胜自己的软弱。因此，请不要怀疑自己、贬低自己，只需勇往直前，付诸行动，就一定能走向成功。每个人都无权去轻视自己，当你陷入自卑和悲观时，你一定要鼓励自己坚信自我的价值，活出自己最佳的状态。

在别人看来不可能的事，如果当事人能从潜在意识去认为"可能"，也就是相信可能做到的话，事情就会按照那个人信念的强度如何，而从潜意识中激发出极大的力量来。这时，即使表面看来不可能的事，也能够做到了。

有一年，一支英国探险队进入撒哈拉沙漠的某个地区，在茫茫的沙海里跋涉。阳光下，漫天飞舞的风沙像炒红的铁砂一般，扑打着探险队员的面孔。口渴似炙，心急如焚——大家的水都没了。这时，探险队队长拿出一只水壶，说："这里还有一壶水，但穿越沙漠前，谁也不能喝。"一壶水，成了穿越沙漠的信念之源，成了求生的寄托目标。水壶在队员手中传递，那沉甸甸的感觉使队员们濒临绝望的脸上，又露出坚定的神色。终于，探险队顽强地走出了沙漠，挣脱了死神之手。大家喜极而泣，用颤抖的手拧开那壶支撑他们的精神之水——缓缓流出来的，却是满满的一壶沙子！

他们执着的信念，已经如同一粒种子，在他们心底生根发芽，最终领着他们走出了"绝境"。真正救了他们的是他们自己，是他们的信念。

更多的时候，人们不是败给外界，而是败给自己。俗话说："哀莫大于心死。"绝望和悲观是死亡的代名词，只有挑战自我，永不言败者才是人生最大的赢家。

战胜自己就是最大的胜利，与其说是战胜了疾病，不如说是战胜了自己。工作不顺利时，我们常常会找种种借口，认为是领导故意刁难，把不可能完成的工作交给我；认为最近健康状况欠佳，才导致效率不高……心想偷懒，却把偷懒理由正当化，总认为期限还有三天，明天、后天拼一下，今天不妨放松一下。

实际上，战胜困难要比打败自己相对容易，所以有人说："我"是自己最大的敌人。战胜自己靠的是信心，人有了信心就会产生力量。人与人之间，弱者与强者之间，成功与失败之间最大的差异就在于意志力量的差异。人一旦有了意志的力量，就能战胜自身的各种弱点。

我国游泳教练张健用50个小时横渡渤海海峡成功，成为世界上第一个连续游泳超过100公里的人。然而，在这成功的背后，却隐藏着失败的危机，张健在游至中程时曾有过放弃的想法。前几年报道说，世界上著名的*游泳健将弗洛伦丝·查德威克*在第一次从卡得林那岛游向加利福尼亚海湾时，见前面大雾茫茫，便放弃了挑战，而此时距岸仅一海里。很显然，他并不是不具备能力，而是心理出了问题。

学一门知识或做一件事情，只满足于自己想学好做好，是学不好也做不好的，要有溺水者求生一样的强烈欲望，你才能把自身潜力发挥到极致。

"尽心尽力"和"竭尽全力",其区别在于,让自己发挥能力和让自己的潜能充分燃烧,它们所散发出来的能量是大不一样的。我们无论做任何事情,只是尽心尽力还远远不够,这样你最多比别人干得好一点,却无法从平庸的层次跳出来。只有竭尽全力,发挥出别人双倍的能量,你才会有优秀的表现。

俗话说得好:功夫不负有心人。你付出多少,便会得到多少回报。因此,不要埋怨生活,不要哀叹命运。只要你尽了最大的努力,生活就会给你最丰厚的回报!

1946年,年轻的吉米·卡特从海军学院毕业后,遇到了当时的海军上将里·科费将军。将军让他随便说几件自认为比较得意的事情。于是,踌躇满志的吉米·卡特得意洋洋地谈起了自己在海军学院毕业时的成绩:"在全校820名毕业生中,我名列第58名。"他满以为将军听了会夸奖他,孰料,里·科费将军不但没有夸奖他,反而问道:"你为什么不是第一名?你尽自己最大努力了吗?"这句话使吉米·卡特惊愕不已,很长时间答不上话来。

但他却牢牢地记住了将军这句话,并将它作为座右铭,时时激励和告诫自己要不断进取,永不自满和松懈,尽最大努力做好每一件事情。最后,他以自己坚忍不拔的毅力和永远进取的精神登上了权力顶峰,他成了美国第39任总统!卸任后,吉米·卡特在撰写回忆录时,曾将这句话作为标题:《你尽最大努力了吗?》。

在生活中,我们经常听到这样的话:"我觉得自己已经尽了最大的努力,可惜结果却很令人失望。"说这话的人,是否真的尽了最大的努力呢?未必!他们把做得有点累视为尽了全力,其实还远远未能充分发挥潜力;或者是一曝十寒,并未时时努力。

正如台湾大企业家王永庆所说："天下的事情没有轻轻松松、舒舒服服让你获得的。凡事一定要经过苦心的追求，才能真正了解其中的奥秘而有所收获。"他又说："有压力感，觉得还不够好，做出苦味来才会不断进步，一放松就不行了。"

事实正是如此，只是感到有一定压力，并不等于竭尽全力，"做出苦味来"，才说明你已努力到十分。

在这个世界上，没有谁会轻易成功，在成功的背后总是以汗水乃至鲜血为基本色调。你必须逼出自己的全部能量，坚定信念，然后才能心想事成，成就自我，收获快乐。

♡ 你的品牌叫"自信"

世界上没有两片完全相同的树叶，人也是这样，每个人都是上帝的宠儿，都是独一无二的。所以我们首先最应该相信自己：相信自己是快乐的，相信自己是幸福的，相信自己是如意的。

我们每个人在世界上都是不可替代的。从生理学上说，每个人都有与众不同的特征，包含DNA、指纹等；从社会学上讲，每个人的社会关系也是与众不同的。所以这个社会离不开每个人，所以我们应该自信，只有自信才能自强，只有自强才能演好自己的角色，不管是主角还是配角。

自信的人，不会自卑，不会贬低自己，也不会把自己交给别人去评判。自信的人，不会逃避现实，不做生活的弱者，他们会主动出击，迎接挑战，演绎精彩人生。自信的人，不会跟自己过不去，只会鼓励自己。他们会既承担责任，又缓解压力，他们会在生活的道路上游刃有余，笑看输赢得失。

自信是一种心理状态，可以通过自我暗示培养起来。如果通过反复不断地确认，觉得相信自己会得到自己想要的东西，然后传递到潜意识思维里面去，它就会带来这样的成功，因为它的主要任务就是让你实现自己想要得到的人生目标。积极的自我暗示，意味着自我激发，它是一种内在的火种，一种流动快捷的自我肯定；它可以使我们心灵欢唱，走向成功。

自我暗示的方法很多，每个人遇到的压力不同，自我暗示的方法也不会相同。具有东方艾柯卡之称的秒目志郎曾提出达到自我暗示的六个条件，分别是：

1. 经常输入伟人的事情

把自己推崇的伟人的资料输入自己的大脑，经常用他们奋斗的精神来激励自己。

2. 相信语言的力量

经常用一些诸如"我能行""我一定能渡过难关"之类的话语来激励自己，增加自信。

3. 了解重复的重要性

连续不断的重复，不但内心深处能相信可能性，也会让自己排除压力，充满自信。

4. 保持强烈的欲望

若有很强的欲望，则会为了要实行的目标而付诸行动，纵使有障碍物，也绝不改变目标，不改变目标，则会改变超越障碍的方法。

5. 决定终点线

量化目标，让自己经常品尝成功的喜悦，能有效增强自信。

6. 设定预想的困难

事先把困难考虑到，当真的障碍物横亘面前时，便不会气馁、灰心。即使受到挫折，因为事先心理有准备，也就不会轻易放弃。

为了克服消极、否定的态度，我们应该试着采取积极、肯定的态度。如果自认为不行，身边的事也抛下不管，情况就会渐渐变得如自己所想的一样。缺乏自信时，我们更应该给自己打气。因为你无权轻视自己。

自信是做大事者所必须具备的素质。自信是一种感觉，有了这种感觉，人们才能怀着坚定的信心和希望，开始伟大而又光荣的事业。如果你充满自信，就不能等待别人来发现、来了解你，应该积极地表现自我。

只有那些对自己具有充分信心的人才敢于对各种人生险境进行挑战，在你心中燃烧自信火花的秘诀在于"仔细观察你的潜能所在，然后慢慢地在那个领域里求索"。

爱因斯坦小时候是个十分贪玩的孩子，他的母亲常常为此忧心忡忡，再三的告诫对他来讲如同耳边风。直到16岁的那年秋天，一天上午，父亲将正要去河边钓鱼的爱因斯坦拦住，并给他讲了一个故事，正是这个故事改变了爱因斯坦的一生。

"昨天，"爱因斯坦父亲说，"我和咱们的邻居杰克大叔去清扫南边工厂的一个大烟囱。那烟囱只有踩着里边的钢筋踏梯才能上去。你杰克大叔在前面，我在后面。我们抓着扶手，一阶一阶地终于爬上去了。下来时，你杰克大叔依旧走在前面，我还是跟在他的后面。后来，钻出烟囱，我们发现了一个奇怪的事情：你杰克大叔的后背、脸上全都被烟囱里的烟灰蹭黑了，而我身上竟连一点烟灰也没有。"

爱因斯坦的父亲继续微笑着说："我看见你杰克大叔的模样，心想我肯定和他一样，脸脏得像个小丑，于是我就到附近的小河里去洗了又洗。而你杰克大叔呢？他看见我钻出烟囱时干干净净的，就以为他也和我一样干净呢，于是就只草草洗了洗手就大模大样上街了。结果，街上的人都笑痛了肚子，还以为你杰克大叔是个疯子呢。"

爱因斯坦听罢，忍不住和父亲一起大笑起来。父亲笑完了，郑重地对他说："其实，别人谁也不能作你的镜子，只有自己才是自己的镜子。拿别人作镜子，白痴或许会把自己照成天才的。"

爱因斯坦听了，顿时满脸愧色。从那以后，爱因斯坦逐渐离开了那群顽皮的孩子。他时时用自己作镜子来审视和映照自己，终于映照出了他生命的独特光辉。

遗传学告诉我们，每个人都是自然界伟大的奇迹，以前既没有像我们一样的人，以后也不会有。因此，我们要保持自己的本色，这是激发潜能的重要通道，也是最大化自信的源泉，更是实现人生价值的必由之路。

人要改变自己，就需要时时处处充满自信。既要在自己内心里相信自己，也要在公众面前表现出这种自信心。对任何想成功的人来说，自信心肯定是装备清单上最重要的东西。

♥ 相信自己，别人才会相信你

坚持到最后是比较困难的，世界上成功者微乎其微，平庸者多如牛毛就是最好的说明。成功的秘诀就是如此简单，因为在这个世界上，真正的失败只有一个，那就是彻底放弃，而真正相信自己的人是永远不会放弃努力的。

列御寇是古代一位射箭能手，他箭术高超，传说他的箭法百发百中，非常精确，在当时无人能及。

伯昏无人也听说列御寇是位射箭高手，但他并未亲眼见过，也不知道列御寇除了是位射箭高手之外有无别的过人之处。于是为了了解列御寇其人，有一天，伯昏无人就邀请列御寇来他的练箭场来表演箭术，同时邀请了很多当时很有威望的人一同参加。

列御寇如期而至，寒暄一番之后，在座的客人都要求列御寇表演他高超的箭术，伯昏无人也对列御寇说道："今天大家来都是想欣赏你的箭术的，你就露两手吧。"于是列御寇换了身装束，拿出弓箭。他先表演了百步射靶，果然每一箭都正中靶心，非常精确。在座的客人都非常敬佩，纷纷拍手称好，但伯昏无人并未表示什么。

列御寇为了显示自己射箭不但精准而且稳如泰山，于是吩咐手下取了一满碗水，大家都在疑惑是否列御寇口渴要喝水时，他又拉满了弓，然后让人把碗放在自己的手腕上开始射箭。射完一箭又一箭，一箭连着一箭地射，每次箭头都射进了靶心，由于射得多了，以至于箭在靶上竟然重叠了起来，一只箭射出时，另一只箭又放在了弓弦上。这时的列御寇却丝毫未动，面无表情，专心致志地射箭，远远看去就好像一座雕塑一样。再看他手腕上碗中的水，竟一滴都没有洒出来。看到这里，在场的人先是目瞪口呆，紧接着就是一片欢呼，叫好声不断。

本以为伯昏无人会大加赞扬，谁知他却说道："你的表演非常精彩，这一点我非常敬佩。但你这只是在平常状态下射箭的箭法，我们大家并不能从中看出你的真本领。"列御寇心有不服地反驳道："那么什么状态下才能显示出真正的本领呢？"伯昏无人笑笑说："很简单，我们不在这里射箭了，我们去到最高的山峰，走过悬崖峭壁，面对着百仞深渊，在那种状态下，如果你还能射得准的话，那才是真本事啊！"列御寇同意了。

于是，一行人来到了高山，途中一些客人因害怕劳累回去了。当他们走过悬崖峭壁时又有一些人畏高而退却了。再往前走时，除了伯昏无人和列御寇之外，已经没有几个客人了。终于临近了百仞深渊，这时列御寇拉弓就要射，伯昏无人说道："不要着急，我们还没到。"跟着来的几位客人都远远地站在后面不敢往前一步，而列御寇虽说跟着伯昏无人临近深渊，但其实也已非常勉强了。再看伯昏无人，只见他从容不迫地背对着百仞深渊倒退着一步一步地走了过去，每走一步都是那么坚定和自信，从不回头看一眼，直到自己的脚跟已经差不多有两分悬空于悬崖外时，他向列御寇招手示意他往前走，并说这里才是射箭的地方。而此时的列御寇全然没有练箭场上的威风和镇定了，他已经吓得站不住了，匍匐在地上，汗水从头顶直流到脚跟，而且再也不敢朝悬崖这边多看一眼了。

于是，伯昏无人走了回来说道："最高超的人，能够上窥青天，下潜黄泉，奔放到极远的地方而神色不变。现在你恐惧之情表露在眼目之中，可见你的内心实在是不坚强啊！"

列御寇虽有精湛的射技，但在临危之时因为缺乏足够的自信却不能发挥正常水平了。

任何高超技艺的发挥，都不单纯依靠技巧的娴熟，还要看当时外界环境的影响。当外界环境发生变化时，除高超的技巧外，优良的心理素质，对自己的足够的自信就起着十分重要的作用了。

因而，人们除了掌握精湛的技艺外，还必须具备临危不惧的气魄和坚定的自信心，只有这样才会在任何情况下都能发挥最好的水平。当然，我们也可以从中悟出这样一个道理：只有自信的性格才能够让我们拯救自己。也只有自信的人，才能让别人相信你。

♡ 成功，别人能，你也能

更多的人，只要一心一意发掘内在的能量，他做出的成就要远远超出自己的想像。当然，一个人所取得的成就也绝不会超出他自信所能达到的高度。

据说拿破仑亲率军队作战时，同是一支军队的战斗力，便会增强一倍。原来，军队的战斗力在很大程度上基于兵士们对统帅的敬仰和信心。如果拿破仑在率领军队越过阿尔卑斯山的时候，只是坐着说："这件事太困难了。"毫无疑问，拿破仑的军队不会越过那座高山。拿破仑的自信和坚强，使他统帅的每个士兵增加了战斗力。所以，无论做什么事，坚定不移的自信，都是达到成功所必需的和最重要的因素。

有一次，一个士兵快马加鞭给拿破仑送信，由于马跑得太快，在到达目的地之前猛跌了一跤，那马就此一命呜呼。拿破仑接到了信后，立刻写封回信，交给那个士兵，吩咐士兵骑自己的马，把回信送去。

那个士兵看到那匹强壮的骏马，身上装饰无比华丽，便对拿破仑说："华美强壮的骏马不配给我这样下等的士兵享用。"拿破仑回答道："世上没有一样东西，是法兰西士兵所不配享有的。"

生活中到处都有像这个法国士兵一样的人。他们以为自己的地位太低微，别人所拥有的种种幸福，自己不会拥有，也不配享有。而正是处于这种心理，他们往往不求上进、自甘平庸，渐渐地也就真的不配享有他们永远不会拥有的东西。

一对老夫妇省吃俭用地将4个孩子扶养长大。岁月匆匆，他们结婚已有50年了，拥有极佳收入的孩子们，正秘密商议着要送给父母什么样的金婚礼物。

由于老夫妇喜欢携手到海边享受夕阳余晖，孩子们决定送给父母最豪华的爱之船旅游航程，好让老两口尽情徜徉于大海的旖旎风情之中。

老夫妇带着头等舱的船票登上豪华游轮，可以容纳数千人的大船令他们赞叹不已。而船上更有游泳池、豪华夜总会、电影院，等等，真令他们俩感到惊喜无限。

美中不足的是，各项豪华设备的费用皆十分昂贵，节俭的老夫妇盘算自己不多的旅费，细想之下，实在舍不得轻易去消费。他们只得在头等舱中安享五星级的套房设备，或流连在甲板上，欣赏海面的风光。

幸好他们怕船上提供的伙食不合胃口，随身带着一箱方便面，既然吃不起船上豪华餐厅的精致餐饮，只好以方便面充饥，间或想变换口味吃吃西餐，便到船上的商店买些西点面包和牛奶。

到了航程的最后一夜，老先生想想，若回到家后，亲友邻居问起船上餐饮如何，自己竟答不上来，也是说不过去。和太太商量后，老先生索性狠下心来，决定在晚餐时间到船上餐厅用餐，反正是最后一餐，明天即是航程的终点，也不怕宠坏了自己。

在音乐及烛光的烘托之下，欢度金婚纪念的老夫妇仿佛回到初恋时的快乐。在举杯畅饮的笑声中，用餐时间已近尾声，老先生意犹未尽地招来侍者结账。

侍者很有礼貌地请问老先生："能不能让我看一看你的船票？"

老先生闻言不由得生气："我又不是偷渡上船的，吃顿饭还得看船票？"嘟囔中，他拿出船票了。

侍者接过船票，拿出笔来，在船票背面的许多空格中划去一格。同时惊讶地问："老先生，你上船以后，从未消费过吗？"

老先生更是生气："我消不消费，关你什么事？"

侍者耐心地将船票递过去，解释道："这是头等舱的船票，航程中船上所有的消费项目，包括餐饮、夜总会以及其他活动，都已经包括在船票内，您每次消费只需出示船票，由我们在背后空格注销即可。老先生您？"

老夫妇想起航程中每天所吃的方便面，而明天即将下船，不禁相对默然。

我们是否曾经想过，在我们来到世界的那一刻，上天已经将最好的头等舱船票交给了我们。是的，我们可以在物质上、心灵上，完全享有最豪华的待遇，只要我们愿意出示船票。更重要的是，千万不要浪费了本来属于我们的头等舱船票。

当然也有许多人在他的一生，只是过着犹如借方便面充饥一般的生活。这并非是他们应有的船票，但他们未曾想到去使用，或根本不知道船票的价值。

因此，人人都可以过上自己想要的生活，只要你对自己充满自信，相信自己的能力与价值，笑对人生，生活的每一天都将会是"头等舱"。

♡ 人人都有快乐的权利

人生是愉快的，世界上之所以有那么多人感觉不到愉快，是因为他们没有用心去对待生活。只要尽你所能，用心去体会生活，你就可以快乐地度过每一天。

快乐是一种积极的心态，快乐的生活完全在你自己身上，在你的思想里，在你的心里。你过得是否快乐，完全取决于你自己！只有快乐的心灵，才能及时解除心理的疲劳。快乐既不需要依靠他人，也不必去借助外物，快乐就是藏在心中的根，只要能找到自己的根，并让它生根发芽，那么你就一定是一个快乐的人。

有首古诗写道："但愿此心春常在，须知世上苦人多。"现实中真的是有许多人感到自己活得很辛苦，生活中没有一点乐趣。正因为世人心中无"春"，所以才无快乐可言。其实快乐深藏于心，只是不容易为人所发现而已。

荣启期在泰山，悠哉游哉，鼓琴而歌，孔子路过，就问他为何如此快乐？

荣启期回答道："天生万物，惟人为贵，我得为人，何不乐也？"

正如荣启期所说，生而为人即是一种快乐，快乐是人生的主题。只要我们用心去体会，以饱满的热情去面对生活，就能快乐地度过每一天。

许多人抱怨生活太清苦，许多人到外界去寻求快乐。而对身边的美景熟视无睹，其实只要用心生活，身边就有感动你的美景。

在春天，特别是早春，从春来发几枝的柳树上，从重新披上绿装的大地上，从水光潋滟的湖面上，从鸟雀叽喳的瓦房屋顶，从万物萌发的郊外，从身边女人和孩子们的身上，你随处都能感受到风景的存在，让心灵享受美的熏陶。只要用心，你就能体会到"竹外桃花三两枝，春江水暖鸭先知。蒌蒿满地芦芽短，正是河豚欲上时"的美景。

在夏天，你可以去体会万物在骄阳下傲然挺立的飒爽英姿。如果是晴空万里，你可以去河边体会"水光潋滟晴方好"的诗意；如果是雨天，你则可以去感受"山色空蒙雨亦奇"的意境。

秋天是一个收获的季节，更是好景连连，正如古人所说："一年好景君须记，最是橙黄橘绿时。"看着院里挂满果实的梨树，你能不开心？闻着空气中弥漫着的果实的芳香，你能不开心？就是看看满街的落叶，也会带给你无穷的遐想，你也没有不开心的理由。

冬天总是给人一种肃杀寂静的感觉，似乎给人一种压抑的感觉，其实不然，冬天也有冬天的美丽。比如在雪中去体会陈毅元帅诗中那种"大雪压青松，青松挺且直"的诗意，不也是很美，很让人振奋吗？即使去看那光秃秃的树，在凛冽的西风中沉着坚持的样子，也会让人感受到力量和希望。享受着这一切，你能说冬天不美吗？

只要你愿意，只要你有心，你随时都可以感到愉快。你可以在阵雨中歌唱，使音乐充满你的心灵；你可以在烈日中独行，让阳光洒满你的心灵；你可以在风中散步，让风儿吹散你心中的不快；你可以……总之，只要你愿意，快乐随时都会陪伴着你。

人生是愉快的，世界上之所以有那么多人感觉不到愉快，不过是因为他们自己的愚昧和怯懦，不过是因为他们没有用心去对待生活。你要相信，只要尽你所能，用心去体会、去表现，你就可以快乐地度过每一天。

汤姆已经结婚18年多了，在这段时间里，从早上起来，到他要上班的时候，他很少对自己的太太微笑，或对她说上几句话。汤姆觉得自己是百老汇心情最差的人。

后来，在汤姆参加的继续教育培训班中，他被要求以微笑的经验准备发表一段谈话，他就决定亲自试一个星期看看。

现在，汤姆要去上班的时候，他记住要让自己的心情好起来，他就会强迫自己改变过去的形象，显得心情很好的样子对大楼的电梯管理员微笑着，说一声"早安"；他以微笑跟大楼门口的警卫打招呼；他也对地铁的检票小姐微笑；当他站在交易所时，他甚至对那些以前从没有见过自己微笑的人微笑。

汤姆很快就发现，每一个人也对他报以微笑。他以一种愉悦的心情，来对待那些满肚子牢骚的人。他一面听着他们的牢骚，一面微笑着，于是问题就容易解决了。汤姆发现微笑带给了自己更多的收入，而且自己的心情感觉越来越愉快，生活充满了幸福感。

汤姆跟另一位经纪人合用一间办公室，对方的职员之一是个很讨人喜欢的年轻人。汤姆告诉那位年轻人最近自己在心情方面的体会和收获，并声称自己很为得到的结果而高兴。那位年轻人承认说："当我最初跟您共用办公室的时候，我认为您是一个闷闷不乐的、心情总是很糟糕的人。直到最近，我才改变看法：当您微笑的时候，充满了慈祥。"

是的，我们的心情会改变我们的形象，有了好的心情，我们就会多一点笑容，而我们的笑容能照亮所有看到它的人。而同时，因为我们的付出，因为我们的好心情，为我们赢得了事业、尊重、友谊、爱情，甚至我们的未来。

世界上的每一个人，都希望自己能够过上美满幸福的生活，希望自己能够有一个好的未来，受到别人的关注和尊重。其实这一切都很简单：学会微笑，学会给自己一个好心情，学会充分享用自己快乐的权利。

💗 常怀一颗欢喜心

历史学家维尔·杜兰特希望在知识中寻找快乐，却只找到幻灭；他在旅行中寻找快乐，却只找到疲倦；他在财富中寻找快乐，却只找到纷乱忧虑；他在写作中寻找快乐，却只找到身心疲惫。有一天，他看见一个女人坐在车里等人，怀中抱着一个熟睡的婴儿。一个男人从火车上走下来，走到那对母子身边，温柔地亲吻女人和她怀中的婴儿，小心翼翼地，生怕惊醒他。然后这一家人开车走了，留下杜兰特望着他们离去的方向深思。

常听人说，"心想事成""万事如意"。实际情况却常常相反："心想难以事成""不如意事常有八九"喜怒哀乐本是人之常情，但是如果不加以调节，让不良情绪长期左右自己，就会有损于健康，甚至使人失去生活的信心。

现代心理医学研究表明：人的心理活动和人体的生理功能之间存在着内在联系。良好的情绪状态可以使生理处于最佳状态，反之则会降低或破坏某种功能，引发各种疾病。俗话说："吃饭欢乐，胜似吃药。"说的就是良好的心情能促进食欲，有利于消化。心不爽，则气不顺；气不顺，则病易生。难怪有的生理学家把心情称为"健康的寒暑表"。

　　许多医学专家认为，良好的心态本身就是良医，人体85％的疾病可以自我控制，只要心情愉快，神经松弛，余下的15％也不全靠医生，病人的心情和精神状态是个不可忽视的重要因素。

　　保持一颗平常心，做到仁爱、平静、理智、乐观、豁达，不以物喜，不以己悲，想得开、想得宽、想得远，对名利得失采取超然物外的态度，一切顺其自然、处之泰然。把风风雨雨、飞短流长统统置之脑后。对那些不愉快的事情，要拨开迷雾，化忧为喜。因为不管你遇到什么不顺心、不如意的事，如果整日愁眉不展，不但于事无补，反而有损身心健康。

　　法国作家大仲马说："人生是一串用无数小烦恼组成的念珠，乐观的人是笑着数完这串念珠的。"一个人如果能乐观地对待不如意的事，自然会烦恼自消，愁肠自解。

　　常怀一颗欢喜心，调节好自己的情绪，使好的心情与自己结伴而行，是完全可以做到的。人到晚年，调节好自己的心情，使自己进入洒脱通达的境界，就掌握了生命的主动权，就能感受和体会到生命和生活中的无穷乐趣。

　　其实，有很多时候是我们自己给快乐设定了障碍，因此，不妨给自己提一个建议：不要为享乐设定先决条件。

　　不要对自己说："等我赚到1万美元，我才可以好好享乐。"

　　不要说："等我上了那架飞往巴黎、罗马、维也纳的飞机，我就高兴了。"

　　不要说："等我到了60岁退休时，我就能躺在安乐椅上享受日光浴……"

　　享乐不应该有"假如""等到"等限定条件。

每天的一个基本目标是：你有权自娱，无论你是百万富翁还是不名一文的流浪汉。

一个脆弱的百万富翁可能会对自己说："如果有人把我的所有积蓄夺去，那就没有人会理我了。"

一个坚强的人可以对自己说："如果债主非得逼我和他捉迷藏不可，那我就借这机会好好活动活动。"

然而，快乐有时需要我们自己去寻找、创造。创造快乐可用如下方法：

1. 精神胜利法

这是一种有益身心健康的心理防卫机制。在你的事业、爱情、婚姻不尽如人意时，在你因经济上得不到合理对待而伤感时，在你无端遭到人身攻击或不公正的评价而气恼时，在你因生理缺陷遭到嘲笑而郁郁寡欢时，你不妨用阿Q的精神调适一下失衡的心理，营造一个祥和、豁达、坦然的心理氛围。

2. 难得糊涂法

这是心理环境免遭侵蚀的保护膜。在一些非原则性的问题上"糊涂"一下，无疑能提高心理的承受能力，避免不必要的精神痛楚和心理困惑。有这层保护膜，会使你处乱不惊，遇烦不忧，以恬淡平和的心境对待生活中的各种紧张事件。

3. 随遇而安法

这是心理防卫机制中一种心理的合理反应。培养自己适应各种环境的能力，遇事总能满足，烦恼就少，心理压力就小。古人云："吃亏是福。"生老病死，天灾人祸都会不期而至，用随遇而安的心境去对待生活，你将拥有一片宁静清新的心灵天地。

4.幽默人生法

这是调节心理环境的"空调器"。当你受到挫折或处于尴尬紧张的境况时，可用幽默化解困境，维持心态平衡。幽默是人际关系的润滑剂，它能使沉重的心境变得豁达、开朗。

5.宣泄积郁法

心理学家认为，宣泄是人的一种正常的心理和生理需要。你悲伤忧郁时，不妨与异性朋友倾诉；也可以通过热线电话等向主持人和听众倾诉；也可进行一项你所喜欢的运动；或在空旷的原野上大声喊叫，这样既能呼吸新鲜空气，又能宣泄积郁。

6.音乐冥想法

当你出现焦虑、忧郁、紧张等不良心理情绪时，不妨试着做一次"心理按摩"——音乐冥想"维也纳森林"，坐"邮递马车"……

当然，创造快乐不仅仅只有以上方法，重要的是我们在生活中、工作中，要常怀一颗欢喜心。欢喜心有了，好心情自然就有了。

♡ 善意，让你每天都有好心情

　　向善，即以一颗善良、关怀的心对待周围的一切。多一点生活的善意，是一种生活的选择，也是一种人生的境界。假如你日积月累的是阳光，生活自然会充满灿烂。

　　没有见过那么丑又那么开心的女人。每天黄昏经过小桥，总遇见那木推车，总见那女人坐在车子上，不是怀里搂着她儿子（我断定是她儿子，因为小男孩那副丑相简直就是那女人的翻版），就是被破箱子、破麻袋、草席水桶、饼干盒、汽车轮等大包小包前呼后拥地围着。

　　那男人（想必是她丈夫）龇牙咧嘴地推着车子，黄褐色的头发湿淋淋地贴在尖尖的头颅上，打着赤膊，夕阳下的皮肤红得发亮，半长不短的裤子松垮垮地吊在屁股上。每次推木推车上桥时，男人的裤子就掉下来，露出半个屁股。

　　男人都累死了，那胖女人可坐得心安理得，常常还悠哉悠哉地吃着雪糕呢！又黑又亮又结实得像铁棍似的手臂里的小男孩时不时把母亲拿着雪糕的手抓过去咬一口，母子两人在木推车上争着吃，脸上尽是笑，女人笑得眼睛更小、鼻更塌、嘴巴更大。脸上可能搽了粉，黑不黑白不白，有点灰有点青，粗硬的头发让风吹得在头顶纠成一团，而后面那瘦男人看得那么开心，天天推着木推车，车上的肥老婆天天坐在那儿又吃又喝。

有一次不知怎的，木推车不听话地直往桥头一棵椰子树冲去，男人直着脖子拼命拉，裤子都快掉下来了，木推车还是向椰子树一头撞去，女人手中的碎冰草莓撒了她跟小男孩一头一脸。我起先咬着嘴唇忍着不敢笑，谁知那男人一手丢了木推车，望着车上的母子俩大笑，女人一边抹去脸上的草莓，一边咒骂，一边跟着笑。看着这一家三口笑得死去活来，我也放怀跟着他们恣意地大笑了一场。

当一个人对自己的生命充满了发自内心的感激时，他所散发出来的魅力能让世界上所有的人都感动。

下面再分享一个"二战"后军人的故事：

杰米·杜兰特是上一代的伟大艺人之一。他曾被邀参加一场慰问第二次世界大战退伍军人的演讲，但他告诉邀请单位自己行程很紧，连几分钟也抽不出来，不过假如让他作一段独白，然后马上离开赶赴另一场演讲的话，他愿意参加，安排演讲的负责人欣然同意。

当杰米走到台上，有趣的事发生了。他作完了独白，并没有立刻离开，掌声愈来愈响，他没有离去。他连续演讲了15分钟、20分钟、30分钟，最后，终于鞠躬下台，后台的人拦住他问道："我以为你只讲几分钟哩！怎么回事？"杰米回答："我本打算离开，但我可以让你明白我为何留下，你自己看看第一排的观众便会明白。"

第一排坐着两个士兵，两人均在战争中失去一只手。一个人失去左手，另一个则失去右手。他们正在一起鼓掌，而且拍得又开心、又响亮。

不知朋友你读完这两则故事时是否有一种心灵上的震撼。无论是失去了手的士兵，还是那对又穷又丑的夫妇，他们身上体现了一种对自己的热爱以及对生命的珍惜。这都来自于他们对生命的感激。

那么，如果我们还活着，如果我们还不是特别地穷困潦倒，如果我们还有健全的四肢，我们有什么理由不对生命充满感激呢？

人生快乐也是一辈子，痛苦也是一辈子，那我们为什么不让自己活得快乐一点呢？

生活并不是一帆风顺，事事如意。王子和公主的浪漫和幸福只是写在童话里的，那只是人们对美好生活的一种向往。

大部分人误以为金钱是幸福的象征。但太多的例子证明，钱并不能使人感到最大程度的幸福。你可以用钱买来舒适的床铺，但买不来良好的睡眠；可以用钱买来高档的化妆品，但买不来美丽；可以用钱买来漂亮的房子，但买不来幸福的家；可以用钱买来昂贵的保健品，但买不来健康。

因此，你无法用金钱买来幸福，幸福不是写在你脸上的，而是自己从心底感觉到的。

有人曾说过，"人之所以幸福，是他的心灵感到幸福。"幸福其实很简单：它是家庭餐桌上的欢歌笑语；是你生病时，亲友一句亲切的问候和祝福；是花前月下情人的牵手漫步；是和心爱的人白头到老。

幸福是一种感觉，它就藏匿在我们生活的空间中，是生活点点滴滴的汇聚。因此，每个人如果都知道乐观积极的态度可以使我们拥有幸福、希望、勇气和力量的话，就应该努力去获取我们真正想要得到的东西。

人生苦短。当你带着善意向往生活，也就选择了轻松快乐，你就会觉得整个世界乃至整个宇宙都在幸福快乐的笼罩之中。

第五章

心态乐观就简单——放宽你的心胸

　　人生就像一个百味瓶，酸甜苦辣就如生活的作料。无论我们品尝到哪一种味道，都是上天的恩赐。在人生路上，关键是拥有一种洒脱的魄力，能够微笑地面对每一天。

　　人要想活得愉快，心胸就得开阔、宽广，学会宽容。有了豁达，才能舒展人生。在漫漫旅途中，失意并不可怕，受挫也无需忧伤。只要心中的信念没有萎缩，只要保持积极乐观的心态，即便是艰难坎坷也迟早会被你踏平。

♥ 乐观心态会产生非凡效率

古时候有这样一个笑话：一人从集市上买回一罐油，由于急着赶路，不幸罐索朽腐，油罐坠地摔碎了，他头也不回地继续前行。路人提醒他："你看你的油罐碎了。"他回答说："已经碎了，看有什么用，只能耽误走路。"

这大概就是人们常常想到、常常念着的"乐观主义"了。可见，乐观主义能帮人战胜许多愁虑、困难、穷苦、失望。

人生总会碰到恶魔的。一个人的目的愈远，计划愈大，他的工作所经过的途径也愈远；在前进的时候，有许多愁虑、困难、穷苦、失望，都是当然要碰到的恶魔。乐观主义的人，就像这个拎油罐的人一样，是不怕这些恶魔的摧残的，反而会振起精神，抱着希望，向前赶去!因为他们知道，倘被恶魔所屈服，便灭亡了；只有抱着乐观主义的态度，才能战胜恶魔，取得胜利!

凡是要做得好的事情，都不是随随便便就能成功的，都不是容易的。你自己要立于什么地位？要达到什么地步？情愿付什么代价？你所希望的地位或地步总在那里，不过必须先付足了代价的人，才能"如愿以偿"。成功的一条路上，有许多小失败排列着，最后的成功是在能用坚毅的精神、伶俐的眼光，从这许多小失败里面寻出教训，尽量地利用它，向前猛进。而这种"寻出"和"尽量地利用"，唯有抱乐观主义的人才能够办到。

有许多人，对乐观主义有一种误解，以为乐观主义的人不过是"嘻皮笑脸""随随便便""一切放任""得过且过""唯唯诺诺"，请君切莫误信这种谬说。真正的乐观主义者是用积极的精神向前奋斗的人，是战胜愁虑穷苦的人。这类的苦境，常人遇着，要"心胆俱碎""一蹶而不能复振"的；只有真正乐观主义的人才能努力奋斗，才敢努力奋斗！所以讲到乐观主义还不够，要有"有效率的乐观主义"才行。

古今中外，因为有极强烈而有效的乐观主义，战胜各种艰难险阻取得胜利的大有人在。牛顿发现万有引力学说的时候，全世界人反对他；哈维发明血液循环学说的时候，全世界人反对他；达尔文宣布进化论的时候，全世界人反对他；贝尔第一次造电话的时候，全世界人讥笑他；当莱特最初埋头于制造飞机的时候，全世界人讥笑他；孙中山先生，最初在南洋演讲革命救国理论的时候，有一次听的人只有三个。这些伟人都因抱着乐观主义的精神，而为世人所称道。

极强烈而有效的乐观主义，能使人们战胜全世界的糊涂、盲从、冷酷、恐怖、怨恨和反抗。而且工作愈伟大，所受的反抗也愈厉害，简直成为一种律令，对付这种厉害的反抗，最重要的武器就是乐观主义。一个人，缺少了乐观主义精神，难免在各种恶魔面前败下阵来。

你想使自己的事业取得成功么？那就请你拿起乐观主义这一法宝吧！即使身处困境，我们依然可以笑靥如花。只有在绝境中仍然抓住快乐的人，才能真正领悟到快乐的真谛。

生活中的种种困境和不幸对你造成的挫败感是否像乌云挡住太阳

一样遮住了你的视线，让你看不到光明？如果你试着换个角度去看待这个世界，你会惊奇地发现，世界一片光明，大自然充满了生机和活力，生活是多姿多彩的。活着就要享受生活中的一切快乐和痛苦，不要钻牛角尖和自己过不去。

人活在这个世界上会遇到各种各样的事情，或喜或忧，或成功或失败，我们无从选择。我们可以做的只有调整好自己的情绪，遇到任何事情都往好的方面考虑。这样，不但能够帮助我们更好地处理各种问题，更多的是可以获得健康的身心，我们又何乐而不为呢？

生命的旅途中，病痛、绝望、灾难、不幸都会不约而同地向我们逼近，让我们陷入无奈的困境。不知你是否会像上面这个故事所讲的那样，在危急时刻，还能享受一下野草莓甜甜的滋味？

如果我们在逆境中可以保持理智和清醒，我们就可以因此而更加全面地认识自己的优点和不足。

日常生活中我们常面临工作不得志，情场失意，家人朋友之间的误会等。其实，生活中与人相处的种种情况，就如同冬去春来，冷暖交替的变化。等到一切都烟消云散时，我们才发现，当时的行为举动实在是幼稚、荒唐。但等到下一次类似的事情发生时，我们又一次重复地抱怨、不满，从未想过汲取以前的经验和教训。就这样我们在困惑和清醒之间游移徘徊，从原点开始，然后又回到原点，自身得不到半点的突破和成长。

生活中的逆境就如同大街上的红绿灯一样，偶尔限制你的前进，让你停下来做个短暂的休息，顺便看看自己是否走错了方向，这不是一种障碍，而是为了让你更好地完成你的旅途。

所以，当我们身处逆境时，我们应该不断自我反省，重新认识自己。因为太多的时候，我们并不能真正地认清自己，我们总是有意或无意地否定自己内心存在着的种种困惑、孤寂和空虚。同时，由恐惧引起的各种负面情绪使我们错失了反省的机会。

人在顺境时的得意是自然的事情，但更好的是能在逆境中苦中作乐，把自己的心情放平静，去全面地认识那个平常被你疏忽的自己，从而帮助自己在生活中更好地成长。

人们都希望自己的生活中能够多一些快乐，少一些痛苦，多些顺利少些挫折，可是命运却似乎总爱捉弄人、折磨人，总是给人以更多的失落、痛苦和挫折。

人生在世，都会遇到厄运，适度的厄运具有一定的积极意义，它可以帮助人们驱走惰性，促使人奋进。因此厄运又是一种挑战和考验。我们的生活因厄运变得丰富而多彩，我们的性格因坎坷而锤炼得成熟。厄运来临—与厄运挑战—在战斗中升华自己，这就是逆境与厄运的意义所在。

人生重要的不是拥有什么，而是经历了什么，任何坎坷的经历都是一种宝贵的人生财富。

英国哲学家培根说过："超越自然的奇迹多是在对逆境的征服中出现的。"关键的问题是应该如何面对厄运与不幸。

人生最高的境界是在逆境中学会微笑。在逆境中微笑可以让人心平气和、不急不怒，能让人仔细分析所处的困境，理清思路，找出解决办法，提高办事效率，顺利渡过难关。

♥ 坦然面对一切苦难

人生几十年，总会遇到这样那样的挫折、逆境。极少有人从一生下来整个人生就顺风顺水。所以，苦难是人生的必修课。

有的人面对那些成功的人，尤其是声名显赫的，特别是其年岁、背景、相貌和自己相仿时，就会有点儿妒忌了，他（她）怎么就那么好运呢？可是，人家背后也有许多辛酸，人家也并非一帆风顺，人家也在逆境中挣扎过。过来人大都不顺利，而是因为他们勇于面对逆境，懂得面对逆境。

你可能会说，运气也很重要，所谓"谋事在人，成事在天"吗。谋事者芸芸众生，成事者寥若星辰。但你有否想过，若你不谋的话，是压根儿没有"成"的。首先你要面对，你要鼓起勇气去面对，不论遇到什么挫折，身处怎样的逆境，你都不能放弃。你来到这世上，长大成人，原本就很不容易。母亲怀胎十月，经历了地裂天崩的临盆；父亲呕心沥血，承担了"朝思暮想"的教养；再就是周围的一大帮亲友，无不对你施予殷切的关怀，他们都在期待你的成就。其实，你完全不必用事业有成来报答，你只要有自立社会的骄傲，他们就有莫大的欣慰了。因为这一点，你变得完全没有权利去放弃。

或者，退一万步说，你从一生下来就很不顺利了，并没有前面说的那些"施予"，可那又怎样呢？只不过将处逆境的时间提前了而已，只不过将你的起点更放低些而已。到了今天，你已经能够独立思考，不正说明你已具备自立的能力了吗？尽管历经坎坷，历经曲折，但也正好说明你已经成长了，你的起点提高了。因此，不管未来怎样，你还有什么不能面对的呢？

面对，有时是需要很大的勇气的。尤其是当你遇到的是一般人不会有的逆境，并被别人难以想象的困难包围着的时候。有些人便在这样的境况中挺不住，寻了短见，或者消沉了、颓废了，旁人便只好无奈地惋惜。其实，消沉是懦弱，是失去了面对的勇气，放弃了继续抗争的权利，放弃了多彩的人生，放弃了一切。一切都放弃了，你就再也不会有机会去获得，哪怕是一丁点儿的权利。自然也就无从谈论成功了。所以，当你遭遇挫折、面临困境时，你最需要的是面对的勇气。只要你敢于面对了，你就有了机会，捕捉常常是随之而来的成功机遇，追求多姿多彩的人生，品尝可以令你荣耀的新生活。

如果乐天一点，你不妨把遇到的厄运看作是一个机遇，这样的机遇在平常的日子，在顺境的时候是碰不到的。这么一"看作"，你不但有了勇气，可以轻松去面对厄运，而且平添了一份使命感，俨如"替天行道"了。因为常人不会有的经历，你大可以自信自己有一个常人不会有的美好将来。

人生本就多姿多彩，磨难不过是这其中的一些调色剂而已。如果你这么看了，你就会感谢上帝待你不薄。同样是过一辈子几十年，但你却比人家多了许多经历，尤其当这经历使你体会得更多，让你获得常人不会有的感受，甚至获得一种满足的时候。

勇于面对，然后是懂得面对，这并非易事。实际上，身处逆境需要懂得面对，而顺风顺水的时候，也要为争取领先或者保持领先而学会面对。总之，学会面对是极为重要的，因为重要，你可以将你的一生都看成是不停的各式各样的面对。事实上，你要穷尽你的智慧和胆识去面对。学会面对，不懈地面对最终可把你带向你期望的成功。

生活中出现挫折，也就意味着出现棘手问题需要处理。

如何面对问题？如果不能坦然面对它、接受它，就不能谈到放下它、处理它。而事实上，事情出现后，首先要求我们的不是发牢骚，而是要能够改善它。需要的是行动，而不是抱怨。若不能改善，我们也要面对它、接受它，绝不能逃避。逃避责任，损失依然在那里，是不合算的，改善与处理糟糕的局面才是最聪明的。

经过计划的事物也不一定完全可靠，也会发生意料之外的情况，这时候就更应该接受它，然后想办法处理它。

所以，如果计划好的事在过程中发生问题，不必伤心也不必失望，应该继续努力，争取将损失减到最小，不要轻易放弃希望；如果经过详细的考虑，预先判断的结果不可能促成，那也只好放下它，这和未经努力就放弃是截然不同的。

这一切，都需要我们保持冷静。我们要告诉自己：任何事物、现象的发生，都有原因。我们不需追究原因，也无暇追究原因，唯有面对它、改善它，才是最直接、最要紧的。遇到任何困难、艰辛、不平的情况，都不能逃避，因为逃避不能解决问题，只有用智慧把责任担负起来，才能真正从困扰的问题中获得解脱。

放下自己也放下别人，对事如此，对人也是如此。放不下自己是没有智慧，放不下别人是没有慈悲。能作如此想，对一切人都会生起同情心与尊敬心。同情人家也是芸芸众生中的一个，尊敬人家也有独立的人格。

我们常常遇到一些好像正被困在火海中的人来向我们求救。通常我们会倾听他们的问题，知道他们在焦虑什么，但不会将他们的焦虑变成我们自己的梦魇。

对感情的问题，宜用理智来处理；对家族的问题，宜用伦理来处理；即使发生了不得了的大事，也应用时间来化解、淡化；如果真是无法避免的倒霉事，那只有面对它、接受它；能够面对它、接受它，就等于是在处理它，既然已经处理了，也就不必再为它担心，应该放下它了，不要老是想着："我怎么办？"而是睡觉时照样睡觉，吃饭时照样吃饭，该怎么生活就怎样生活。

如果你能做到这些，那就接近禅理了。平常生活中，禅如何教人安心呢？

禅的态度就是：知道事实，面对事实，处理事实，然后就把它放下。无论遭遇任何状况，都不会认为它是一件不得了的事，如果已经知道可能会发生什么不如意的事，能让它不发生是最好的；如果它一定要发生，担心又有什么用？担心、忧虑不仅帮不了忙，可能还会令情况变得更严重，唯有面对它才是最好的办法。

常言说得好：困难像弹簧，你强它就弱，你弱它就强。勇于面对，是智者所为，也是快乐心情的必需。

♡ 挫折中你需要一个好心情

人的行为总是从一定的动机出发，经过努力才能达到一定的目标。

如果在实现目标的过程中碰到了困难、遇到了障碍，就产生了挫折，挫折会产生各种各样的行为，就会在心理上、生理上出现各种反应。遭受严重挫折后，个人会在情绪上表现出抑郁、消极、愤懑。在生理上，会表现为血压升高、心跳加快，易诱发心血管疾病；胃酸分泌减少，会导致溃疡、胃穿孔等。

人在实现目标过程中，遇上了挫折，可能会出现这样几种情形：改变方法，绕过障碍物、另择一条路径，实现目标；如果困难难以逾越，修改目标，改变行为的方向；在障碍面前，无路可走，不能实现目标，人们会产生严重挫折感。

但是，挫折对于人，同样具有两重性：

第一，遇到挫折无疑是一个重大打击。在打击下不想办法去战胜困难，搬走障碍，而是成为障碍或困难的俘虏，向挫折缴械投降，这种挫折心理不论是对组织还是对个人来说，没有任何积极的意义，应该摒弃。

第二，遇到挫折，首先要镇定、冷静分析产生挫折的原因。不怨天尤人，而是积极寻找克服困难、战胜障碍、摆脱挫折的途径。对组织和个人来说，这都是具有重要意义的。

比如，有的人下岗，意味着家庭断了经济来源。面对这样的挫折，该怎么办？如果把下岗这一挫折，作为实现人生目标中的一个转折点，来磨炼自己的意志，自己想方设法绕过障碍，战胜困难，另辟蹊径，找一条新的就业谋生之路，就能正确面对现实，调整好心理状态，寻找机遇，百折不挠，愈挫愈勇。许多下岗工人所做出的成就已充分证明了这一点。

挫折和困难并不可怕，关键是我们如何来正视挫折，调整心理状态把坏事变为好事、把障碍变为坦途。在挫折来临的时候，不必慌乱，要全力以赴，从能做的做起。同时，以强烈的求新求变意识，摸索创造对策，在最短的时间内，扭转败局，反败为胜。

美国的波音公司和欧洲的空中客车公司曾为争夺日本"全日空"的一笔大生意而打得不可开交，双方都想尽各种办法，力求争取到这笔生意。由于两家公司的飞机在技术指标上不相上下，报价也差不多，"全日空"一时拿不定主意。

可就在这关键时刻，短短两个月内，世界上就发生了3起波音客机的空难事件。一时间，来自四面八方的各种指责都向波音公司汇集而来，这使得波音公司蒙受了奇耻大辱，产品质量的可靠性也受到了人们的普遍怀疑。这对正与空中客车争夺的那笔买卖来说，无疑是一个丧钟般的讯号。许多人都认为，这次波音公司是输定了。但波音公司的董事长威尔逊却并没有为这一系列的事件所击倒，他马上向公司全体员工发出了动员令，号召公司全体上下一齐行动起来，采取紧急的应变措施，力闯难关。

他先是扩大了自己的优惠条件，答应为全日空航空公司提供财务和配件供应方面的便利，同时低价提供飞机的保养和机组人员培训；接着，又针对空中客车飞机的问题采取对策，在原先准备与日本人合作制造A-3型飞机的基础上，提出了愿和他们合作制造较A-3型飞机更先进的767型机的新建议。空难前，波音原定与日本三菱、川崎和富士三家著名公司合作制造767客机的机身。空难后，波音不但加大了给对方的优惠，而且还主动提供了价值5亿美元的订单。通过打外围战，波音公司博取到了日本企业界的普遍好感。在这一系列努力的基础上，波音公司终于战胜了对手，与"全日空"签订了高达10亿美元的成交合同。这样，波音公司不仅渡过了难关，还为自己开拓了日本市场，打了一场反败为胜的漂亮仗。

及时应变，就能在被完全击垮之前扭转局面，掌握主动权。在应变时，应注意以下几点：

1. 立足于自我优势，如人员优势、地形优势、技术优势等，充分利用，充分发挥，以此展开对策。

2. 充分了解对方的需要，做好有针对性的准备。

3. 多付出一点点，以小利博大利。

4. 诚信待人，博得他人的信任，赢得他人的合作。

5. 学会应变，遇到挫折时，不要消极躲避，更不要以硬碰硬。全力以赴，靠你敏捷的思维化险为夷。

1991年9月，名声显赫的台湾海霸王食品公司发生了中毒案，致使该公司的信誉一落千丈，营业额只有原来的10%。然而，在类似的情况下，美国乔克尔恩逊药品公司却能平安地渡过挫折。事情发生之后，该公司迅速采取了周密的应变策略，全力推行挫折管理，制定了"终止死亡，找出原因，解决问题、通告公众"的重要决策。在获悉第一个死亡消息1小时内，公司人员立即对这批药品进行化验，结果表明阴性。但他们还是花费大量经费通知45万个包括医院、医生、批发商在内的用户，请他们停止出售并立即收回该公司的药品；同时撤销所有的电视广告，把事实真相以及公司所采取的对策迅速向公众告知。公司最终消除了公众的误解，仅仅3个月就恢复了生机。

英国航空公司曾遇到这样一个事：一次，一架由伦敦经纽约、华盛顿飞往迈阿密的英国航班，因机械故障被迫降落后在纽约禁飞。乘客对此极为不满，对英国航空公司怨声载道。该公司立即调度班机，将63名旅客送往目的地。当旅客下机时，英航职员向他们呈递了言辞诚恳的致歉信，并为他们办理退款手续。63名乘客免费搭乘了此班飞机。尽管英航损失了一大笔钱，但起了力挽狂澜之功效，大大弱化了乘客的不满情绪。英航的这一举措被人们广为流传，不仅未使英航声誉受损，反而大大提高，乘客源源不断。

当挫折来临，你即使再难过也无济于事，而且不好的心情会时时影响做事的效果。所以，不妨振作起来，打理好心情，根据不同的情况做出相应的变通。这样你才有可能克服困难，好心情也会助你通向成功。

💛 明天就是奇迹出现的那天

在困境中，人们往往看不清楚方向，正所谓"云深不知处"，这时保持积极向上的心态更为重要。就像这样的情况：烈日、沙漠，两个人艰难地走着。一个人沮丧地说："完了，我们只有半瓶水了。"另一个却很高兴地叫道："太好了，我们还有半瓶水啊！"

换个角度看问题会使你得到满足，会使你拥有快乐，世界只有一个，换个角度看，你就会发现美好的、与众不同的第二个世界。

杰瑞是美国一家餐厅的经理，他总是有好心情，当别人问他最近过得如何，他总是有好消息可以说。

当他换工作的时候，许多服务生都跟着他从这家餐厅换到另一家，为什么呢？因为杰瑞是个天生的激励者，如果有某位员工今天运气不好，杰瑞总是适时地告诉那位员工往好的方面想。

这样的情境让人很好奇，所以有一天有人问杰瑞："很少有人能够老是那样积极乐观，你是怎么办到的？"

杰瑞回答："每天早上我起来后告诉自己，我今天有两种选择，我可以选择指出好心情，也可以选择坏心情，我总是选择有好心情。即使有不好的事发生，我可以选择做个受害者，或是选择从中学习，我总是选择从中学习。每当有人跑来跟我抱怨，我可以选择接受抱怨或者指出生命的光明面，我总是选择生命的光明面。"

"但并不是每件事都那么容易啊！"那人抗议道。

"的确如此，"杰瑞说，"生命就是一连串的选择，每个状况都是一个选择，你选择如何响应，你选择人们如何影响你的心情，你选择处于好心情或是坏心情，你选择如何过你的生活。"

数年后，杰瑞意外地做了一件人们想不到的事：

有一天他忘记关上餐厅的后门，结果早上有3个武装歹徒闯入抢劫，他们要挟杰瑞打开保险箱。由于过度紧张，杰瑞弄错了一个号码，造成抢匪的惊慌，开枪射击杰瑞。幸运的是，杰瑞很快就被邻居发现，紧急送到医院抢救。经过18个小时的外科手术，以及精心照顾，杰瑞终于出院了，但还有块子弹留在他身上。

事件发生6个月之后，杰瑞的朋友问他最近怎么样，他回答："我很幸运了。要看看我的伤痕吗？"

朋友婉拒了，但又问杰瑞当抢匪闯入的时候，他的心路历程。

杰瑞答道："我第一件想到的事情是我应该锁后门的，当他们击中我之后，我躺在地板上，还记得我有两个选择：'我可以选择生，或选择死。我选择活下去。'"

"你不害怕吗？"朋友问他。

杰瑞继续说："医护人员真了不起，他们一直告诉我没事，放心。但是在他们将我推入紧急手术间的路上，我看到医生和护士脸上忧虑的神情，我真的被吓着了，他们的脸好像写着'他已经是个死人了'，我知道我需要采取行动。"

"当时你做了什么？"朋友问。

杰瑞说："嗯！当时有个高大的护士吼叫着问我一个问题，问我是否会对什么东西过敏。我回答：'有'。"

"这时医生和护士都停下来等待我的回答。"

"我深深地吸了一口气喊着：'子弹！'"

"这时医生和护士都在笑，脸上的忧虑神情都渐渐消失了。听他们笑完之后，我告诉他们：'我现在选择活下去，请把我当作一个活生生的人来开刀，不是一个死人。'"

杰瑞能活下去当然要归功于医生的精湛医术，但同时也出于他令人惊异的态度。我们从他身上能够学到：每天你都能选择享受你的生命，或是憎恨它。真正属于你的权利——没有人能够控制或夺去的东西——就是你的态度。如果你能时时注意这个事实，你生命中的其他事情都会变得容易许多。

换个角度看世界，世界真的会不同。积极的心态很重要，它促使我们在面对矛盾和困难的时候，可以平和地对待。事情都是有正反面的，我们只有摆正心态，才能透过现象看本质，才能险中求胜！

克罗地亚的塞拉克可说是最倒霉的人了，这方面他的事迹可谓层出不穷。

他一生中经历过7次大难、4次失败婚姻，可谓"最不幸的人"。

塞拉克所经历的人生第一次灾难是1962年。当时他正坐火车从萨拉热窝到杜布罗夫尼克去，火车行驶在半路上时发生意外，快速行进中的火车出了轨，陷入一条冰冻的河流。17名乘客溺水而死，塞拉克的一只胳膊断了，身体部分擦伤，体温降到很低，但他仍艰难地爬到了河岸上。

一年以后，塞拉克乘坐一架DC-8型飞机从萨格勒布到里耶卡去，这次又遇上了意外事故。飞机的舱门被强风吹开，机上大部分乘客被强大的气流吸了出去，塞拉克也未能幸免。19人被摔死，但塞拉克最后却"降落"在一座干草堆上，再次躲过了一劫。

1966年，塞拉克在斯普利特所乘坐的一辆巴士汽车翻入一条河里，致使4人丧生。塞拉克爬到车外，游到安全的地方。除了身上部分地方有擦伤、划伤之外，他的健康没有什么大碍。

第四次大灾发生于1970年。当时他正开车沿着一条高速公路行驶，不知怎么回事，他的车子突然起火了。没有多想，他便赶忙钻出车外，迅速离开了出事的汽车，几秒钟后，汽车的油箱爆炸了。

经历过以上4次大难而不死后，朋友们开始称呼他为"幸运先生"，他表示："对这个问题可以有两种不同的看法，我要么是世界上最倒霉的人，要么是世界上最幸运的人，我喜欢相信后一种观点。"

3年后，塞拉克在一次事故中丢掉了大部分头发，那时候，他开的是一辆"沃特伯格"汽车。一天，汽车的燃油泵出了点毛病，他正低头检查时，燃油泵喷出的汽油浇在了烧得正热的发动机上，火苗通过发动机的气孔立即蹿了起来，他躲闪不及，头发被烧掉了大部分。

1995年，第六次变故来临了。他在萨格勒布被一辆巴士汽车给撞倒在地上，不过还好，他只是受了点轻伤，休克了一会儿。第二年，他自己开车在山区行驶，车到一处山脚转弯时，一辆联合国工作人员乘坐的汽车迎面开了过来。情急之下，他把自己开的斯柯达汽车往山崖边上的交通护栏上开去，车子越过护栏开始向下坠去，塞拉克在最后一刻跳出了司机座位，落在悬崖上的一棵树上，他的车在他身下300英尺深的山谷爆炸了。

据塞拉克自己讲，他先后结过4次婚，但每次都以失败而告终。

可2003年发生的一件事情让他成了真正"世界上最幸运的人"。40年来从未买过幸运彩票的他买了有史以来的第一张乐透彩票，结果他竟中了头奖！这使得他一下子得到60万英镑的奖金。赢得60万英镑大奖后，塞拉克表示，"我想，我的婚姻和我经历的大灾大难一样，对我来说也都是灾难。"

这位从"最不幸运的人"变为"最幸运的人"的人当时已经74岁高龄，在确认自己赢得大奖的消息后他高兴地说："现在我准备好好地享受生活了，我感到自己好像获得了新生。我知道这么多年来上帝一直在关注着我。"塞拉克准备拿这笔钱买一座房子、一辆汽车，再买一艘快速游艇，然后再和比自己小20岁的女友结婚。

一个74岁高龄的老人对人生的执着期待令奇迹接连在他身上发生。人生其实是对信念的一种考验，灾难不会永存，或许明天就会出现奇迹。要知道，好的心情是奇迹的开始。

♡ 至高的境界来自于你的豁达

豁达是一种至高的人生境界，是一种高尚的道德修养，是一种优秀的传统美德。豁达是原谅可容之言、包涵可容之人、饶恕可容之事，时时宽容、事事忍让。只有这样才能让自己达到宠辱不惊的境界，创造安宁的心境。

豁达是一种情操，更是一种修养。只有豁达的人才真正懂得善待自己，善待他人，生活才充满快乐。豁达也有程度的区别，有些人对容忍范围之内的事会很豁达，一旦超出某种限度，他就会突然改变，表现出完全相异的反应。最豁达的人，则具有一种游戏精神，将容忍限度扩大。

有这样一个故事：一个身经百战、出生入死、从未有畏惧之心的老将军，解甲归田后，以收藏古董为乐。一天，他在把玩最心爱的一件古瓶时，不小心差点脱手，吓出一身冷汗，他突然若有所悟："当年我出生入死，从无畏惧，现在怎么会吓出一身冷汗？"片刻后，他悟通了——因为我迷恋它，才会有忧患得失之心，破除这种迷恋，就没有东西能伤害我了，遂将古瓶掷碎于地。

豁达者的游戏精神，即是如此。既然他把一切视为一种游戏，尽管他同样会满怀热情尽心尽力地去投入，但他真正欣赏的只是做这件事的过程，而不是目的——游戏的乐趣在于过程之中。那么，他也就解除了得失之心的困扰。

据说一位店主的年轻帮工总是迟到，并且每次都以手表出了毛病作为理由。于是那位店主对他说："恐怕你得换一个手表了，否则我将换一位帮工。"这话软中带硬，既保住了对方的面子，又严厉地指出了对方的过失，这样比较易于让对方接受。

豁达才会赢得拥戴，一个领导者必须有大度的心胸，才能容下形形色色的下属、各种人的脾性和工作中的各种压力，站在自己事业的高处。

一位德高望重的长者，在寺院的高墙边发现一把座椅，他知道有人借此越墙到寺外。长老搬走了椅子，凭感觉在这儿等候，午夜，外出的小和尚爬上墙，再跳到"椅子"上，他觉得"椅子"不似先前硬，软软的甚至有点弹性。落地后小和尚定眼一看，才知道椅子已经变成了长老，原来他跳在长老的身上，后者是用脊梁来承接他的。小和尚仓皇离去，这以后一段日子他诚惶诚恐等候着长老的发落，但长老并没有这样做，压根儿没提及这"天知地知你知我知"的事。小和尚从长老的宽容中获得启示，他收住了心再没有去翻墙，而是通过刻苦的修炼成了寺院里的佼佼者。若干年后，他成为这座寺院的长老。

无独有偶，有位老师发现一位学生上课时经常低着头画些什么，有一天他走过去拿起学生的画，发现画中的人物正是龇牙咧嘴的自己。老师没有发火，只是憨憨地笑了笑，要学生课后再加工一下，画得更神似一些。自此那位学生上课时再没有画画，各门课都学得不错，后来他成为颇有造诣的漫画家。

通过上面的例子，我们可以归结出一点：主人公以后的有所作为，与当初长老、老师的宽容不无关系，宽容是一种无声的教育，可以说是宽容唤起的潜意识纠正了他们的人生之舵。

如果长老搬去椅子对小和尚施以惩罚，"杀一儆百"也是合情合理的，小和尚也许会从此收敛，但可能不会真正地反省。同样，如果老师对学生的恶作剧大发雷霆并且狠狠地批评，可能学生以后再也不敢在课堂上干别的事情，但是在学生的心中会留下伤痕，可能谈不上后来的成就了。

在日常生活中，当有人在背后传播你的谣言，或是说你的坏话时，你是想找机会报复他，还是不与他争执、宽容他呢？当你的亲戚或挚友有意无意地做了对不起你的事，你是与他从此绝交，还是默默承受、宽容他呢？如果你是一个处事冷静的人，那么你应该选择宽容，这样的选择对自己对他人都有好处。因为宽容不仅可以使自己从仇恨与烦恼中解放出来，天天都有好心情，还可以让自己的身体因放松而健康，更能让我们在和谐中交际，拥有一个好人缘儿。

拥有豁达也是幸福的基础。或许在结婚之前，你会觉得自己心目中的那个他（她）很完美，简直无可挑剔，但是在漫长而平淡的婚姻生活中，你才发现他（她）也是缺点一大堆，根本就没有你想象的那么完美。此时，你是愤愤然地选择离开，还是用一颗宽容的心来呵护你们之间的真爱呢？

诚然，宽容与豁达对于人生幸福是如此之重要，那么我们怎样才能使自己的心达到这种境界呢？我们认为，有几点是该明确的：

1.你的欲望应该有个度

有官能，必然存在欲望。合理地觅食求偶，无可非议，但欲望超出了一定的原则和范围，就成了罪恶。恣意纵欲，可以污染人群、腐蚀国家。克制欲望，使之合理适度，这是心归于祥和平静的一个重要法门。

2. 让自己学会无私

每个人都有各自的工作和生活。如果他在工作和生活中，追求的是贡献于社会，努力创造为的是民族和国家，而不仅仅是博取功名利禄，那就往往不会为时时都可能发生的报酬不公而抱怨、牢骚满腹、耿耿于怀。相反，却会因对同胞、社会、民族有所奉献，心生畅通光明，坦然无悔。一个为自己打算的人凡事斤斤计较，一遇报酬不相应，便会滋生被遗忘、被冷落、被否定的感觉，心的平衡与安宁必荡然无存。只索取不奉献，就会背弃自己作为社会成员应尽的责任。如此，固然省了精力，图了轻松，得了财富，却会为良心恒久的亏欠和懊悔所折磨，遭人白眼唾骂，更是损了人格，失了尊严。

3. 有自知之明

人们能否得到心灵豁达，能否正确评价自我和确立自我追求是很重要的。一个人评价自我，是通过认识自己的长处和短处来进行的。如果夸大长处，必会傲气盈胸，自命不凡；夸大短处，则自惭形秽，自暴自弃。而只要自我评价一旦失真，人们通常就不知道自己应该做什么和能做些什么，在追求目标的选择上就容易陷入盲目。一个人只有自我评价恰如其分时，才心宁情畅、不骄不躁、不亢不卑，因此生活目标可定得适度。一种既能充分激发自己的潜力，经过努力又能达到的目标，将使人们内心坚定踏实，永远充满乐观、自信、自尊与自豪。追求豁达的人，必然是一个积极、认真了解自己和切切实实了解了自己的人！

4. 适时来点自省

人非先天就是圣人，心中难免会有这样那样的错误、暗淡、罪恶、虚伪等念头。存有了这些念头并不可怕，可怕的是放纵、任性和宽恕自己，从而造成恶性循环，永远生活在黑暗中，最后被毁灭。人应该经常反省自己，警惕自己，告诫自己，使这些念头不重复而逐渐把它克服。一个人只有不断地清洗自己的心，扫除思想上的桎梏和精神上的烟雾，才能扩大豁达的心。雨果说："世界上最辽阔的是大海，比大海更辽阔的是天空，比天空更辽阔的是人的胸怀。"雨果所说的，正是那些豁达的人。

豁达是一种情操，更是一种修养。只有豁达的人，才真正懂得善待自己、善待他人，生活才充满快乐，这才是豁达人生！

♡ 怀有智者堪为的大度

人有一分器量，便有一分气质；人有一分气质，便多一分人缘；人有一分人缘，必多一分事业。人缘与事业兼具，自然就多了一分无忧的心境。

虽说器量是天生的，但也可以在后天学习、培养。我们阅读历史，多少名人圣贤，有时不赞其功业，而赞其器量。所以器量对人生的功名事业，至关重要！有器量的人在为人处世上的表现就是豁达大度。

豁达的人，常常是乐观的人。而所谓乐观，按照某位哲人的说法，就是乐观的人与悲观的人相比，仅仅是因为后者选择了悲观。

豁达的人在遇到困境时，除了会本能地承认事实、摆脱自我纠缠之外，他还有一种趋利避害的思维习惯。这种趋利避害，不是为了功利，而是为了保持情绪与心境的明亮与稳定。这也恰似哲人所言："所谓幸福的人，是只记得自己一生中满足之处的人；而所谓不幸的人，是只记得与此相反的内容的人。"每个人的满足与不满足，并没有太多的区别差异，幸福与不幸福相差的程度，却会相当巨大。

有这样一则故事：

美国总统林肯在组织内阁时，所选任的阁员各有不同的个性：有勇于任事、屡建功勋的军人史坦顿，有严厉的西华德，有冷静善思的蔡斯，有坚定不移的卡梅隆，但林肯却能使各个性格绝对不同的阁员互相合作。正因为林肯有宽宏的度量，能舍己从人，乐于与人为善。尤其是史坦顿，那种倔强的态度，如在常人，几乎不能容忍，唯有林肯过人的心胸，使得他驾驭阁员指挥自如，使每个阁员都能为国效忠。

成功的上司总是豁达大度，决不会因下属的礼貌不周或偶有冒犯而滥用权威。所以作为上司，应该有宽恕下属的大度，这样才更能赢得下属的拥戴。

有一次，柏林空军军官俱乐部举行盛宴招待有名的空战英雄乌戴特将军，一名年轻士兵被派替将军斟酒。由于过于紧张，士兵竟将酒淋到将军那光秃秃的头上去了。周围的人顿时都怔住了，那闯祸的士兵则僵直地立正，准备接受将军的责罚。但是，将军没有拍案大怒，他用餐巾抹了抹头，不仅宽恕了士兵，还幽默地说："老弟，你以为这种疗法有效吗？"这样，全场人的紧张气氛都被一扫而光。

每个人身边都可能会有各种各样性格的人，这些人的处世方式、待人方式都不相同，这就需要你有宽宏大量的心胸。

不需多加论证，作为一个理智健全的人，特别是一个希望逐渐完备自己人格的人，总是要有点雅量的。雅量，是衡量一个人成熟与否、修养程度的重要标尺之一。

当你手握足以致人哑口无言的权柄，身处令人赞不绝耳的高位，而面对尖锐的批评逆语，你是否能够做到不怒目横扫、暴跳如雷呢？

《尚书》中说："一定要有容纳的雅量，道德才会广大；一定要能忍辱，事情才能办得好！"如果遇到一点点不如意，便立刻勃然大怒；遇到一件不称心的事情，立即气愤感慨，这表示没有涵养，同时也是福气浅薄的人。所以说："发觉别人的奸诈，而不说出口，有无限的余味！"

应该承认，有些高贵品格是普通人毕生企望但不可能达到的；可人的雅量却是完全能够通过修炼而得到甚至可做到"随心所欲"的。

人难免与十分讨厌的人偶然狭路相逢，尽管有人可以装作很随便的样子，竭力扮潇洒样扬长而去。但很多有雅量的人不会那样去做，而是没有丝毫装模作样地缓缓笑迎着对方漠然的脸孔和布满疑惑的眼神，坦然地擦肩而过。这些人轻松地抹去了粗鲁的伤害与侮辱的阴影，用友好的阳光装满了雅量的酒杯，小抿一口，自是清香浓烈。当不期而遇的挫折、误解、嘲笑等迎面而来时，相信并依靠个人的雅量吧，那是驱逐并能够战胜这一切烦恼和痛苦的忠实朋友。

大地宽容了种子，于是收获了生机；大海宽容了江河，于是收获了浩瀚；天空宽容了云雾，于是收获了绚丽；人生宽容了过错，于是我们便可以收获未来。

宽容有时候只是极其微小的一个举动，或者是一种可以让仇恨在心底淡化的忍让。但是，往往是很简单而且是很随意的一次包容可以让你收获意想不到的回报。

做人是一门很深的艺术。而学会心怀坦荡地去为人处世，将使我们受益一生。

♥ 你来决定自己是卓越还是平庸

在一次关于市场经济问题的学术报告会上，一位专家提出这样一个观点：人之初，性本惰。也就是说，人具有的一种惰性很难改变。这种惰性常常使人不思进取，容易满足，让人陷入琐事中而碌碌无为。

改变惰性，则要几经磨砺，人才能有"大"的意境。人类社会的进步以及生存环境的改变，向人的惰性提出了严峻的挑战：是满足平庸，还是追求卓越？

我们有理由让自己认同后一点。因为——

追求卓越意味着你的价值观比别人明晰高远。人生价值的实现是在追求卓越的社会实践中完成的。人的理想只有通过不懈的追求、自强不息的奋斗才能实现，而小富即安满足平庸者的人生只能是残缺的人生。文天祥"人生自古谁无死，留取丹心照汗青"的豪迈誓言，雷锋的"把有限的生命投入到无限的为人民服务之中去"的高尚情操以及国内外科学家和知名企业的成功道路，从多个侧面无一不映射出人类追求卓越的奋斗轨迹。

领带大王曾宪梓曾经说："屋檐下的麻雀是不可能有远大和崇高的目标的，只会在低矮的田间吃上几粒粮食就心满意足了；只有山巅上的雄鹰，才敢于顶风斗雨，在无边无际的天空翱翔，才能猎获重大的目标。"正是有着卓越的追求,曾宪梓一步步地实现了人生目标,让"金利来,男人的世界"风靡全球。

追求卓越意味着你总是能出其不意地摆脱困境。齐白石经常对他的学生说:"学我者生,似我者死。"19世纪英国诗人王尔德曾经讲过一句流传极广的话:"第一个用花比喻美的人是天才,第二个这样比喻的是庸才,第三个就是蠢才了。"话虽然尖刻,但道理很深:总是缩手缩脚、不敢超过前人一步,总是重复别人,至多是个"庸才",搞得不好还要被归入"蠢才"之列。只有敢于创新,才有可能超过别人,取得成功。

企业进步的第一推动力是企业家的创新,日本本田公司创始人本田宗一郎,从一开始经营就为公司订立基本方针:不步他人后尘,要创世界第一技术水准。他公开提出:"本田是以全世界为目标的理想。"这里面,既饱含创新的理念,又充满追求卓越的大志。

追求卓越还意味着你能摆脱那些琐事和没有意义的言论。人生之路上常会遇到不负责任的闲言碎语。三国时魏国李康写的《运命论》中有这样一句话:"木秀于林,风必摧之;堆出于岸,流必湍之;行高于人,众必非之。"有些人自甘平庸,无所作为,但看到别人做出成绩的时候,不甘心被别人超过去,于是就说风凉话、讽刺挖苦、设置障碍等,阻拦别人前进的脚步。这些人并没有什么改革创新的高见,只是摆出一副教训人的样子,指手画脚、说三道四。

对待这样的言论,追求卓越的人往往能保持冷静的态度,把压力变成催人奋进的动力。华罗庚讲过这样一段话:"怎样对待压力,是一个很重要的问题,是被压力压扁了呢,还是根据反作用力等于作用力这一物理法则,把压力转变成推动自己前进的动力呢?这就在于个人了。一压就扁了，这不是英雄，要鄙视那种无谓的压力，把压力变为动力，更促使我们前进。"

时代在变，我们也要跟着变，假如我们不变，但是其他人在变，那么时代就只能留给那些跟着时代变的人。

一个成熟的人必须要跟水一样，圆形方形随时改变自己，接受改变缺点的挑战。有人说江山易改本性难移，如果总是要别人去接受你的个性，可能吗？每一个人都应该清楚地审视自己有哪一些缺点会阻碍自己的发展，并且把它记录下来成为自己改进的计划簿，如果你希望自己成为一个优秀的人就必须这样做，因为如果不改变，这些缺点就会变成自身发展上的障碍，所以我们常说：一个人最大的障碍不是别人，也不是环境，而是他自己。

微笑、开朗、主动、诚恳、热情、积极、付出、感恩、接受挑战、坚持、乐观、兴奋等，这些都是一个成熟的人身上必须要具备的特质，在你的身上是不是已经具备了呢？还是这中间缺了好多呢？我们一定相信这里面有很多特质都不是你天生就拥有的特质，但是这些却是一个人在面对社会时必须具备的特质。要拥有这些特质说简单也很简单，但是说难也会很难，全部决定在你自己的一念之间：我是不是愿意去接受改变，我要去适应生活还是要生活来适应我？改变是一个决定，不改变也是一个决定，但是这两个决定却会决定两个完全不同的人生，你决定了吗？

♡ 退一步海阔天空

《增广贤文》里有一句话："忍一时风平浪静，退一步雨过天晴"，说的就是人在关键时刻要懂得退让。后人将此句逐渐演化为"忍一时风平浪静，退一步海阔天空"，实则说的是同一意思。

有人说成功的第一步便是让自己的利益和意图丝毫不露，让对方因为你能投其所好而情愿做你要他做的事。其实，这里面就包含"退让"的哲学。

赫蒙是美国有名的矿冶工程师，毕业于美国的耶鲁大学，又在德国的弗莱堡大学拿到了硕士学位。可是当赫蒙带齐了所有的文凭去找美国西部的大矿主赫斯特的时候却遇到了麻烦。

那位大矿主是个脾气古怪又很固执的人，他自己没有文凭，所以就不相信有文凭的人，更不喜欢那些文质彬彬又专爱讲理论的工程师。当赫蒙前去应聘递上文凭时，满以为老板会乐不可支，没想到赫斯特很不礼貌地对赫蒙说："我之所以不想用你就是因为你曾经是德国弗莱堡大学的硕士，你的脑子里装满了一大堆没有用的理论，我可不需要什么理论家。"

聪明的赫蒙听了不但没有生气，反而心平气和地回答道："假如你答应不告诉我父亲的话，我要告诉你一个秘密。"

赫斯特表示同意，于是赫蒙对赫斯特小声说："其实我在德国的弗莱堡并没有学到什么，那三年就好像是稀里糊涂地混过来一样。"

想不到赫斯特听了笑嘻嘻地说："好，那明天你就来上班吧。"就这样，赫蒙轻易地在一个非常顽固的人面前通过了面试。

也许有人认为赫蒙那样做不太合适，问题是能不能做到既没有伤害别人又能把问题解决。就拿赫蒙来说，他贬低的是自己，他自己的学识如何，当然不在于他自己的评价，就是把自己的学识抬得再高，也不会使自己真正的学识增加一分一毫，反过来贬得再低也不会使自己的学识减少一分一毫。

尊重并突出别人的观点和利益，这是我们欲求他人合作的最有力的法宝。人们常常不会正确使用这一法宝，是因为他们常常忘记了，如果我们过分强调自己的需要，那别人对此即便本来是有兴趣的，也会改变态度。

有些被求助者，以为帮助了别人、有恩于别人，心理上会不自觉地产生一种优越感，说不定还要对求助者数落一番。当你认为自己可能会被人指责时，不妨先数落自己一番，当对方发觉你已承认错误时，便不好意思再指责你了。

美国著名政治家哈金斯30岁那年就任芝加哥大学校长，有人怀疑他那么年轻是不是能胜任大学校长的职位，他知道后只说了一句："一个30岁的人所知道的是那么少，需要依赖他的助手兼代理校长的地方是那么的多。"就这短短一句话，使那些原来怀疑他的人一下子就放心了。

人们遇到了这样的情况，往往喜欢尽量表现出自己比别人强，或者努力地证明自己是有特殊才干的人，然而一个真正有能力的领袖是不会自吹自擂的，所谓"自谦则人必服，自夸则人必疑"就是这个道理。

让步其实只是暂时的退却，为了进一尺有时候就必须先做出退一寸的忍让，为了避免吃大亏就不应计较吃点小亏。美国第一届总统华盛顿在任时，身边的副总统是约翰·亚当斯，这是个闲差，可是亚当斯却把它变成具有实权的职位，他常常在演说时讲一些他做副总统闹出的笑话，这样做的结果非但没有降低自己的威望，反而赢得了敬佩和拥护。

退让有一种办法是表面上作出让步，实际上却暗中进了一步。所谓"换汤不换药，还是老一套"，又所谓"新瓶装旧酒"。换了瓶子向对方退步，可酒还是老酒，酒力反而更大，因为对方肯定猝不及防地毫无还手之力了。

有一次，世界著名滑稽演员侯波在表演时说："我住的旅馆，房间又小又矮，连老鼠都是驼背的。"旅馆老板知道后十分生气，认为侯波诋毁了旅馆的声誉，要控告他。

侯波决定用一种奇特的办法，既要坚持自己的看法，又可避免不必要的麻烦。于是在电视台发表了一个声明，向对方表示歉意："我曾经说过，我住的旅馆房间里的老鼠都是驼背的，这句话说错了。我现在郑重更正：那里的老鼠没有一只是驼背的。"

"连那里的老鼠都是驼背的"，意在说明旅馆小而矮；"那里的老鼠没有一只是驼背的"，虽然否定了旅馆的小和矮，但还是肯定了旅馆里有老鼠，而且很多。侯波的道歉，明是更正，实是批评旅馆的卫生情况，他不但坚持了以前的所有看法，讽刺程度反而更加深刻有力。

再如，英国牛津大学有个名叫艾尔弗雷特的学生，因能写点诗而在学校小有名气。一天，他在同学面前朗诵自己的诗。有个叫查尔斯的同学说："艾尔弗雷特的诗我非常感兴趣，它是从一本书里偷来的。"艾尔弗雷特非常恼火，要求查尔斯当众向他道歉。

查尔斯想了想，答应了。他说："我以前很少收回自己讲过的话。但这一次，我认错了。我本来以为艾尔弗雷特的诗是从我读的那本书里偷来的，但我到房里翻开那本书一看，发现那首诗仍然在那里。"

两句话表面上不同，"艾尔弗雷特的诗是从我读的那本书里偷来的"，也就是指艾尔弗雷特抄袭了那首诗；"那首诗仍然在那里"，指的是被艾尔弗雷特抄袭的那首诗还在书中。意思没有变，而且进一步肯定了那首诗是抄袭的，这种嘲讽的程度更深了一层。

因此，在遇事或有争端之时，不妨让自己后退一步，微笑地转身，给自己一个好心情，你会发现不一样的海阔天空。

第六章

既要充实也要放松——给心做个深呼吸

现代人多数都很忙碌，似乎不忙就没有意义。然而，忙绝不是人生的全部。人生不仅需要工作，也需要休息，不仅需要忙碌，也需要休闲。

泰戈尔在《飞鸟集》中写道："休息之隶属于工作，正如眼睑之隶属于眼睛。"不会休息的人就不会工作，只有休息好了，才能更好地工作，才会有更好的生活。如果一味地、盲目地去忙，连革命的本钱都搞垮了，那人生就忙得毫无意义。

古人云："一张一弛，文武之道也。"人生也应该有张有弛，也应该忙中有闲。人生就像条弦，太松了，弹不出优美的乐曲；太紧了，容易崩断；只有松紧合适，才能奏出舒缓优雅的乐章。

♡ 无事可做的日子好过吗

当一个人无事可做的时候就会产生无聊感，不知做什么好，或什么也不想做。情绪对无聊感的产生有很大的影响。拥有积极自我意识的人很少会觉得无聊，不清楚自己的需要和愿望，找不到生活的目标和意义的人，就会深陷在"无聊"的深渊中，甚至不可自拔。

尽管无聊的人并不少，无聊的时候也很多。可是有的人却在无聊的时候招来厄运，这是为什么呢？我们必须马上说明，无聊并非总是给人带来不幸。某些条件下，无聊是满足生活中更高需求的准备工作。为了学会弹钢琴，人的手指千百次地重复着单调的练习；《圣经》、柏拉图和但丁作品中的部分章节枯燥乏味，我们通读这些作品是为了领会整体意义；老夫老妻都能容忍对方的闲言碎语，因为婚姻的价值远远高于闲言碎语的价值。所以说为了更高的目标忍受无聊是有回报的。

但多数无聊不属此类。在一般情况下，我们感到无聊不是因为工作或环境，而是因为毫无热情的心态。在这种条件下我们做什么都觉得枯燥乏味，总想做些新颖的工作。无聊的人如饥似渴地寻新求异，为的是让生活更加充实。因此，只要有令人兴奋的机遇，无聊的人都会感兴趣。于是，他很容易受到厄运的伤害，因为他很可能忽视机遇的内在风险。

许多人因为无聊而陷入悲惨境地，可是，他们可能连麻烦的起因都没搞清楚。下面这个例子很典型：有一个姑娘与人私奔，男人已经结婚，而且年龄比她大一倍。姑娘既没有如花似月的容貌，也没有高人一等的德行，根本无法驾驭情夫的心。她深感懊悔，倍感凄凉，终于回到家中。她对父母说："我不知道为什么要这么做，我根本不爱他。我一定疯了。"

她没有疯，她只是感到无聊。实际上，许多年轻人因为对生活感到无聊才随波逐流，他们无聊到深感痛苦的地步，只要碰到令人心动的机会，就会不顾一切，甚至做出疯狂的蠢事来。

百无聊赖的成年人也容易遭逢厄运。许多孤独、无聊的男人刚认识某个人就上当受骗，陷入灾难中，因为只要有人对他稍加关心，他都会感激不尽。

有这样一个例子：据纽约警方报道，有一个到纽约观光的游客陷入别人设下的骗局中，连见多不怪的警察听了这件事都摇头叹息。"我知道他的话听起来有点离谱，"受害者承认，"但是，他看上去像个好人。我很高兴与他在一起，让他拿着钱。"心理学家可以解释为什么骗子和心怀叵测的奸商在美国人口稀少的地区非常猖獗，而且为害甚久。百无聊赖的家庭生活非常乏味，任何态度和蔼的陌生人都能给他们带来愉快。他们对陌生人毫无警惕之心，对他们作出的难以置信的承诺失去了判断力，甚至我们这个时代所谓的老于世故者也会碰到同样的事情。

有一个人在赌博游戏中上当受骗，一下子输掉好几千美元，但他根本就输不起。他解释说："这是因为我对家人和朋友感到厌倦。"他急于用寻欢作乐的方式调剂生活，根本没有想到会碰到什么风险，结果这成为厄运的靶子。许多商人失去大笔金钱，因为他们的工作太枯燥，太单调，于是就寻找刺激，参加毫无理性的投机活动。

无聊不仅仅使人损失金钱。美国阿肯色斯州有一个农民，他参与私刑，迫人于死命。他在法庭上承认，他之所以这样做是因为"当时没有什么更有意思的事情做"。

社会学家指出，有的人之所以参加暴行，以巫术致人死命，参与屠杀和私刑，很可能是因为百无聊赖。暴徒不一定是虐待狂，可能是因为对生活感到厌倦，他们在正常生活中找不到一点儿乐趣。这样的人不怕别人报复，不顾社会公德，杀人成为一种摆脱无聊的手段，一种调剂乏味生活的方式。甚至在家中，无聊与厌倦也常常导致令人发指的过火行为，有人常与邻居吵架，殴打妻子，酗酒，为的是使无聊得到排遣。

我们不能用寻求刺激和寻欢作乐的方式乞求好运，利用外部刺激摆脱无聊很快就会令人生厌。从长期角度看，生活中的空虚只能用感兴趣的事物来填补，只能用培育热情的方式来填补。只有这样，我们的判断力才能免受无聊的干扰。在这里，我们提出一种有效的告诫，甚至百无聊赖的人也可以用它评估不期而至的机遇。

当机遇来临时自己是否已心生倦意，是否感到无聊？如果他提醒自己：在百无聊赖时谁都不能对风险作出准确的评估，那么，他起码会定一定神，在接受机遇时三思而后行。这就像人们在筋疲力尽时会自言自语："我太累了，现在不想考虑这个问题，等头脑清醒后再说吧。"

所以，当我们感到厌倦和无聊时，必须承认这一点，必须打理好自己的心情，才能对影响运气的重大机遇作出准确的判断。

♡ 做自己感兴趣的事是最大的享受

励志大师卡耐基曾经说："对自己的工作感兴趣，可以将你的思想从忧虑中移开，最后，还可能带来晋升和加薪。即使不能这样，也可以把疲乏减至最低，并帮助你享受自己的闲暇时光。"兴趣是最好的老师，快乐的秘诀就是做自己喜欢做的事。

做自己喜欢做的事，能够让自己充满热情，使自己更加充实，增进整体生命的品质。只有饱含热情、心情愉快地工作，才不会有疲惫感，才会乐此不疲。

有人说工作实在是很辛苦，但当你全神贯注于自己喜欢的工作时，你会感到那是在享受，而不是在受苦。如果能够对工作保持热忱的态度，能够微笑面对自己从事的一切，那工作和休闲还有什么区别呢？

爱迪生整天没日没夜地在实验室工作，有人问他天天这样工作累不累，谁知他颇为惊讶地说："我这辈子一天都没有工作过！""压力之父"塞叶博士曾经说，尽管他每天从早晨五点工作到深夜，但他认为自己这辈子从未做过一件工作，自己整天都在"游玩"。因为对他而言，从事自己喜欢的研究就是游戏。

布洛斯说："做自己真正喜爱的工作就会快乐。一个人如果有一份投合兴趣的工作，有可以让他全心投入的职业，他生命中的力量便可找到充分的出口发挥作用。这样的人是幸福的。"

兴趣不仅可以让人感到工作的快乐，减轻疲惫感，兴趣也是事业成功的助推剂。人生快乐莫过于在工作上取得成就，而最大的快乐莫过于在自己喜欢的工作上取得成就。当一个人为自己感兴趣的事情付出而不顾一切时，他获得成功的机会更大。没有听说过一个人在自己不喜欢的领域做出什么惊天动地的成绩的。正如华特·迪斯尼所说："一个人除非做自己喜欢的事，否则就很难有所成就，要想快乐也就更难。"

人的一生处处充满机遇，只看你是否有足够的努力。有时候，小爱好也可成就大作为。

一位拉丁作家这样描述过"机会女神"的样子：机会女神的前额上长着头发，但她的后脑没有头发。如果你能够抓住她前额上的头发，你就能够抓住她。然而，如果被她挣脱逃走的话，即使万神之王宙斯也无法将她捉住。所以，要想抓住"机会女神"，必须注意生活中的每一个细节，要从身边的小事做起，特别是自己喜欢的事情，这可能就是"机会女神"的藏身所在。

列宁曾经说过："要成就一件大事业，必须从小事做起。"小事情往往具有大价值，往往能让人成就一番事业，如果对小事情不屑一顾，没有一点自己的小爱好，那碰到大事情又怎能应付得了呢？正所谓："一屋不扫，何以扫天下？"

美国前总统富兰克林·罗斯福即使在战争最艰苦的年代里，仍然坚持每天抽出一点时间来从事自己的小爱好——集邮。做自己喜欢做的事，可以让他忘记周围的一切烦心事，让心情彻底放松，让大脑重新清醒起来。

小爱好不但可以愉悦身心、放松心情，还可以延年益寿。有人做过这样的研究，他们试图找到长寿老人的共同特点。他们研究了食物、运动、观念等多方面因素对健康的影响，结果令人惊讶，长寿老人们在饮食和运动方面几乎没有共同的特点，但有一点却是共同的，即他们都有自己的小爱好，并且把这作为自己的人生目标而为之奋斗，这是他们的精神寄托。

所以，无论你对生活多么不满，一定要有人生目标，要有点爱好，有点精神食粮，因为它能使你看清人生的使命，能让你找到心灵家园。

在美国长岛，有一位名叫莱伯曼的百岁老人，他头发花白，但精神矍铄，老人看上去最多不超过80岁。据老人讲，他根本没想到自己能活这么大年纪，因为在他80岁的时候，曾对生命失去了兴趣，以为自己到了寿终正寝的时候，那时他健康状况很差，看上去像是真的要不行了，可一次偶然的机会，他与绘画结缘。从此，他迎来了自己人生的第二次青春。

莱伯曼是在一家老年人俱乐部里和绘画结下缘分的。那时，老人歇业已多年，他常到城里的俱乐部去下棋，以此消磨时间。一天，女办事员告诉他，往常那位棋友因身体不适，不能前来作陪。看到老人的失望神情，这位热情的办事员就建议他到画室去转一转，还可以试画几下。

"您说什么，让我作画？"老人好奇地问道，"我从来没摸过画笔。"

"那不要紧，试试看吗！说不定你会觉得很有意思呢！"

在女办事员的坚持下，莱伯曼到了画室，平生第一次摆弄起画笔和颜料，但他很快就入迷了，周围的人也都认为他简直就是一个天生的画家。

81岁那年，老人开始去听绘画课，开始学习绘画知识。从此，老人感到重新找到了生活的乐趣，精神一天天好了起来。

1997年，洛杉矶一家颇有名望的艺术陈列馆专门为莱伯曼举办了一次画展。此时，已年过百岁的莱伯曼笔直地站在入口处，笑容满面，迎接参加开幕式仪式的来宾——许多有名的收藏家、评论家和新闻记者都慕名而来。作品中表现出来的活力，赢得了许多观众的赞赏。

老人在展后接受采访时意兴盎然地说："我不说我有101岁的年纪，而是说有101年的成熟。我要借此机会向那些自认为上了年纪的人表明，这不是生活暮年，不要总去想还能活到哪年，而要想还能做什么，着手做点自己喜欢的事，这才是生活。"

用读书妆点你的精神世界

宋代大文豪苏试有句："粗缯大布裹生涯，腹有诗书气自华"，本义是说：一个人读书读得多了，身上会自带一股书卷之气。后来引申为：如果一个人学识丰富、见识广博的话，不需要刻意装扮，就会由内而外产生出一种气质。相反，如果没有内涵，不管怎么打扮，都不会有气质风度。

无论哪一个时代的人都需要读书，尤其是在现在富了物质穷了精神的时代，许多人在生活中迷失了方向，通过读书可以把自己从物欲名利中拔出来，塑造美好的生活观念。古今中外名人对读书都有极精彩的话语，晚唐诗人皮日休曾经赞美读书的好处："惟文有色，艳于西子；惟文有华，秀于百卉。"英国戏剧家莎士比亚也曾谈道："书籍是全世界的营养品。生活里没有书籍，就好像没有阳光；智慧里没有书籍，就好像鸟儿没有翅膀。"

当代作家贾平凹说得更为精彩："能识天地之大，能晓人生之难，有自知之明，有预料之先，不为苦而悲，不受宠而欢，寂寞时不寂寞，孤单时不孤单，所以绝权欲，弃浮华，潇洒达观，于嚣烦尘世而自尊自强自立不畏不俗不诌。"

当然，读书最快乐的境界莫过于进入美感境地，我们没有功利目的，只读自己喜欢的书。读书使我们足不出户便可以心游万仞，目极八荒，愿人们在书海中遨游，捡拾美丽的贝壳，构筑自己的精神大厦。

读书而且读对人有积极影响的好书是一生中的幸事，有可能从此你的世界观会有很大的不同。书是作者智慧的结晶，是对人生经过沉思后精心筛滤的自我陈述，所以经常读书是一种完成思想成熟的捷径。

当阅读时，你会抛开一切烦恼，悄然地被作者带入到一个全新的文化境界里自由漫步。在无数个夜晚里，你与一位长者展开了平静深远的交谈，驰骋古今、横跨时空与地域。

长者充满智慧且言语坦诚，他的思想会慢慢溶入到你的心灵深处，字字叩击着你幼稚的灵魂。潜移默化中你对世界万物的着眼角度开始发生变化，你会用心去体会人生的真正含义，能够快乐积极地对待生活，学会欣赏美并去创造美，你将踏着智者们的思想阶梯逐步达到一定的领悟境界，认知到宇宙的博大和自身的渺小。

有人把一生不爱读书的人比作囚徒，他们囚禁在自我和无知的牢笼里，他们会经常抱怨："生活淡而无味，工作周而复始。"他们一定无法感到快乐，因为他们把自己套在一成不变的生活程序里，更多地关注于利益和得失，不仅对于外界的精彩无知无觉，而且忽视了生活中的点滴快乐，这种损失是非常可怕的。

古人曾说：三日不读书，面目可憎，语言无味。想必这就是真实的写照吧。

生活中我们离不开阳光空气，同样，离开书本的日子也会是最乏味的，与书相伴的人生才最有意义。

懂得生活的人就会懂得书中的美妙，愿我们都珍惜读书时间，随手拿起一本心爱的书，开始彼此的阅读人生吧。

书，是人类文化遗产的结晶，是人类智慧的仓库。培根说过："读书足以怡情，足以博彩，足以长才。怡情也，最见独处幽居之时；其博彩也，最见于高谈阔论之中；其长才也，最见于处世判事之际。"于是，世人甚爱读书。

读书的妙用：

1. 增加知识

培根曾经说过："读史使人明智，读诗使人灵秀，数学使人严密，物理学使人深刻，伦理学使人庄重，逻辑学、修辞学使人善辩；凡有学者，皆成性格。"读书，便能读懂历史，明了世界，于是古人语："两耳不闻窗外事，一心只读圣贤书。""秀才不出门，却知天下事。"

2. 陶冶情操

当知识真正成为心灵的一部分，才可以显现出内在的涵养。

3. 调整心情

不同的书，看的时间也不同。吃饭的时候，适合看杂志；白天能挤出时间的时候，适合看小说；晚上独自一个人的时候，适合看散文、诗和词。喜欢读书，就等于把生活中寂寞的时光换成巨大的享受时刻。

在忙碌而焦躁的生活里，在寂寞的风雨的夜里，书籍可以给我们的心灵以温暖和充实。

当你遇到烦恼、忧愁和不快的事时，应首先学会自我解脱，去读一读或翻一翻你喜欢的书籍和杂志，分散心思，改变心态，冷静情绪，减少精神痛苦。

4. 得到高尚者的指引

书可以成为一个忠实的朋友、一个良好的导师、一个可爱的伴侣和一个幽婉的安慰者。

雨果曾经说过："各种蠢事，在每天阅读好书的情况下，仿佛烤在火上一样，渐渐熔化。"心灵是智慧之根，要用知识去浇灌。只有这样，才能运筹帷幄之中，决胜千里之外，能有指挥若定的挥挥洒洒。如范仲淹"胸中自有十万甲兵"，如诸葛孔明"悠然抚琴退强兵。"

当人们的心理状态趋于不平衡时，常常会出现烦躁、紧张、苦闷、愤怒、猜疑、忧郁等情绪，这时若用阅读来调整心情也是一种行之有效的方法。当你在阅读中感到身心愉悦时，心情自然就会好起来。

♡ 在艺术中展露你的才情

无论我们多么富有或贫穷，都要致力于养成一种高贵的性情。因为，一个人精神的高贵无法用物质来衡量。总有一天，你的人生会因你的才情而大放光芒。当你有了足够的才情、足够的自信，你的脸上自会洋溢着发自内心的笑容。

在各种美好的艺术中，生活的艺术占有一席之地，像文学一样，它也属于人文科学。它是一种能使生活方式变得最有价值的艺术——充分利用每一件东西；它是一种从生活中获取最高的快乐并由此达到人生最高境界的一门艺术。

要想生活幸福，不运用某种程度的艺术是不可能的，像诗歌和绘画一样，生活的艺术主要源于天赋；但所有的人都能培养和开发它。它可以由父母和老师来培育，也可以通过自我修养而得到完善。没有才智，它就无法存在。

幸福并非是一颗美丽、难以寻觅的巨大的宝石，无论付出怎样的努力也无法找到它；相反，它是由一系列普通而又细小的宝石所组成的珠串，它们散发出快乐和优美的情趣。幸福就是散布在普通生活道路上的各种不太起眼的快乐，这些快乐通常在我们热切地追求某些宏大而动人心魄的快乐时容易被我们忽略。在我们诚实而正直地履行普通职责的过程中，幸福就会露出会心的微笑。

在现实生活中，体现生活艺术的例子比比皆是。我们不妨来举个例子：

两个各方面条件相同的人，其中一个懂得生活的艺术，而另一个人则不懂。

前者具有好奇的眼光和充满才智的心灵。在他面前，大自然永远是崭新的，充满了美好的事物。他生活在现在，回忆着过去，幻想着美好的未来。

对他来说，生活具有一种深刻的意义，它要求诚实地履行自己的职责以告慰自己的心灵，这样，生活也就快乐了。

他不断地完善自己，按照自己的年龄角色而行动，帮助那些绝望的人摆脱困境，积极从事各种美好的工作。他的双手永不会疲劳，他的心灵永远不会倦怠。他愉快地度过自己的人生，而帮助别人也成了他生活的快乐。不断增长的才智使他对人、对物每天都有新的领悟。

他为自己的人生留下了无数的荣誉和祝福，他的最大纪念碑就是他曾经做出的美好行为，以及他在自己的同胞面前树立的有益的榜样。

而另一位不懂生活艺术的人，他的生活是单调的。在他的生命走向结束以前，他也没有达到真正的人的状态。

为金钱他贡献了一切，然而他却觉得生活空虚无聊、枯燥乏味。旅游不会给他带来任何好处，因为对他而言，自己的经历是毫无意义的东西。他活着只是为了向小旅馆老板和服务员收取佣金；即使在大山深处旅游多日，他也会觉得索然乏味；在乡间行走，面对辛勤的农夫和大批的羊群，他不会去搭讪和欣赏，而是把自己龟缩在车中。

美术画廊在他看来是令人厌恶的东西，他之所以进去看它们，那是因为看到别人也在这样做。这些"乐趣"很快就使他厌倦了，他对生活彻底感到乏味了。

当他年老的时候，他成了一群赶时髦的闲荡者中的一员，生活中已没有任何能让他提得起兴趣的地方，生活成了一场化装舞会，在舞会里他只认识流氓、恶棍、无赖、伪君子和吹牛拍马的阿谀奉承之徒。

尽管他已不再热爱生活，然而他还是害怕失去生活，然后，他的人生舞台终于落幕。尽管他财富丰厚，他的生活却是一场失败，因为他根本不懂得生活的艺术，没有它，生活就不会有乐趣。

财富并不能给生活带来真正的热情，只有思考、欣赏、品位、修养才能带来生活的热情。在所有这些东西当中，一双有洞察力的眼睛和一颗有感悟力的心灵是必不可少、无法替代的。具备了这些品质，人们就能变得有福，劳动和辛苦也会与最高尚的思想和最纯洁的品位密切相联。许多劳动者也会因此而变得高尚和高贵。蒙田认为："所有的道德哲学就像它能适用于最辉煌壮丽的人生那样，也能适用于普通百姓的生活当中。每个人身上都拥有人类生活的全部形式。"

即使在物质的舒适方面，良好的情趣既是真正的节俭者，也是快乐的促进者。每当你经过朋友家门前的台阶时，你会不由自主地要观察一下他的屋子里是否具有某种情趣。例如：家里是否有一种干净整洁、井然有序、优美文雅的氛围，它会给人们带来愉快的感受，虽然这种感受只可意会不可言传。看看窗台上是否有鲜花、墙上是否挂有绘画，这是一个家是否有品位的标志。一只鸟在窗台上歌唱，家里摆满了书，而家具尽管是普通的，却很整洁宜人，甚至可说是精致，这就是有情趣的标志。

　　你可以在乡村小屋的家中看到这种情况，贫穷的生活因为充满了情趣而变得甘甜可口。他们选择心地善良、心胸开阔的邻居作为自己的朋友，在那里，空气是纯净的，街道是干净整洁的。乍一看，门前台阶是泥沙铺就，然而窗格玻璃却是一尘不染——也许正在盛开的玫瑰或天竺葵透过玻璃而在屋内散发着清香呢，屋里是佃农，但无论他有多贫穷，他都懂得如何充分利用自己的资源来制造生活的情趣。在别的地方你会看到与此不同的情景：臭味难闻的乡村小屋，脏兮兮的小孩在街沟里玩耍，邋遢的女人懒洋洋地靠在门框上，弥漫在整个房屋周围的是沉闷贫困的氛围！

　　所以，一个人也应当学会幸福生活的艺术。即使是最穷苦的人也可以通过这种艺术获取巨大的快乐和幸福。

　　无论在何种情形下，我们的心智都是我们自己所拥有的东西；我们应当愉快地珍惜那里生长出来的思想；我们可以在很大程度上调节和驾驭我们的性情和气质；我们可以教育自己并开发出我们天赋中最美好的东西，然而这些东西在大部分人身上都处于沉睡状态。

　　在艺术中陶冶性情，自会有好心情。你是那个与众不同的人吗？

♥ 忙里偷点闲，快乐无极限

有一位猎人看到一件有趣的事情。有一天，他偶然发现村里一位十分严肃的老人与一只小鸡在玩说话游戏。猎人好生奇怪，为什么一个生活严谨、不苟言笑的人会在没人时像一个小孩那样快乐呢?

他带着疑问去问老人，老人说:"你为什么不把弓带在身边，并且时刻把弦扣上?"猎人说:"天天把弦扣上，那么弦就失去弹性了。"老人便说:"我和小鸡游戏，理由也是一样。"

生活也一样，每天总有干不完的事。但是，如果天天为工作疲于奔命，最终这些让我们焦头烂额的事情也会超过我们所能承受的极限。

当今社会，生活节奏不断加快，"时间"似乎对每个人都不再留情面。于是，超负荷的工作给人造成不可避免的疾患。

因为人们的生活起居没了规律，所以患职业病、情绪不稳、心理失衡甚至猝死等一系列情况时有发生，给人们生活、工作及心理上造成无形的压力。

这时，需要换一种心情，轻松一下，学会放下工作，试着做一些其他的运动，以偷得片刻休闲，消去心中烦闷。有一位网球运动员，每次比赛前别人都去好好睡一觉，然后去练球，他却一个人去打篮球。有人问他，为什么你不练网球?他说，打篮球我没有丝毫压力，觉得十分愉快。对于他来说，换一种心态，换一种运动方式，就是最好的休闲。

你每天行色匆匆，为了生存、为了生活而奔波劳碌，你说根本没有时间。随着生活节奏的加快，争时间、抢速度已成为市场经济这个大环境中的普遍现象。

小义在一家知名外企工作，现在他怀疑自己得了健忘症。和客户约好了见面时间，可搁下电话就搞不清是10点还是10点半；说好一上班就给客户发传真，可一进办公室忙别的事就忘了，直到对方打电话来催……小义感觉自从半年前进入公司后，陀螺一样天旋地转地忙碌，让他越来越难以招架，快撑不住了。"那种繁忙和压力是原先无法想像的，每人都有各自的工作，没有谁可以帮你。我现在已经没什么下班、上班的概念了，常常加班到晚上10点，把自己搞得很累。有时想休假，可假期结束后还有那么多的活，而且因为休假，手头的工作会更多。"他无奈地向朋友诉苦。

在实际工作当中，类似于小义这种情况时常发生，尤其是在外企拿高薪的工作人员。

据有关统计，在美国有一半成年人的死因与压力有关；企业每年因压力遭受的损失达1500亿美元——员工缺勤及工作心不在焉而导致效率低下。

在挪威，每年用于职业病治疗的费用达国民生产总值的10%。

在英国，每年由于压力造成1.8亿个劳动日的损失，企业中6%的缺勤是由与压力相关的不适引起的。

我们都有时间，并且可以试着改变自己。当你下班赶着回家做家务时，你不妨提前一站下车，花半小时，慢慢步行，到公园里走走。

或者什么都不做，什么也不想，就是看看身边的景色，放松一下自己的心情，肯定会有意想不到的效果。

去海滨、名山休假不是每个人都能办到的，但学会忙里偷闲，作片刻休息，则人人都能做到。

身处于这个信息爆炸的时代，你会发现自己离社会越来越远，原本令你引以为傲的"知识"浑然不知道飞到哪里去了，在工作职场中碰到"笨人当道"或是"烦事不断"而陷入工作低潮，导致白天倦怠，晚上难眠。久而久之，脑子里一个似曾相识的想法悄悄地在脑袋中酝酿开来，不想上班了！

相信这些是上班族都会面临的问题。要如何让这种念头消散，是上班族们必修的课题，以下归纳出十项告别工作低潮的法则：

1. 重拾信心

"缺乏信心"往往是工作最大的敌人，所以你要做的第一件事是重新寻回自信。说一遍："我是宇宙世界超级大美女，我的美丽、自信、聪明、才智无人能比，我是最好的……"就是要这样自我催眠。每天早晚面对镜子大声念10遍。

2. 坚持所选

既然这份工作是自己选的，就要相信自己的眼光，决不轻言放弃。牢记不要怀疑自己的选择，要忠于自己的选择。

3. 休息减压

如果长期的工作压力令你举步维艰，不妨请假做一次旅行，正所谓休息是为了走更长远的路吗！

4. 补习充电

如果你的压力来源是自身的信息不足，那充电补习是你的最佳选择。

5. 运动减压

许多上班族都与运动无缘，而长期缺少运动不仅会带来肥胖和精神倦怠，这时"运动疗法"就派上用场了，适当的运动，可以为你减低压力。

6. 学会相处

一种米养百种人，当然不可能每个人的个性都相吻合，舌头、牙齿都会打架，更何况是人跟人之间。所以要学会真诚待人，当然真诚并不等于无所保留。相处的最高境界是永远把别人当作好人，但却永远记得不可能每个人都是好人。重点是，"老板永远是对的"，别给自己找麻烦。

7. 适时释放

在上班前、午休时和下班后，给自己安静和谐的10分钟，做你想做的事情，如喝喝咖啡、逛逛书店。在忙碌的人群中，悠然自得地释放一下。

8. 改变形象

改变心情不妨从改变形象开始。换个发型等于换个心情，偶而轻松、偶而严谨换个态度，相信也是不错的。

9. 制造环境

工作效率的高低往往与工作环境有着不小的关联。告别生硬的报表、文件，换上朝气蓬勃的小盆栽，相信好心情会从此开始。

10. 另辟蹊径

如果以上方法均无效，最后一招就是另辟蹊径。天涯何处无芳草，想开点！

以上这10种告别工作低潮的法则，希望可以让你缓解压力。总有一项工作是适合你的，英雄不怕无用武之地。一旦遇到合适的职业，只要你端正态度，告别心理低潮，以全新的形象投入，你就能成为一个上班高手、职场达人。

神采奕奕地度过每一天

人们常说人有三宝：神、气、精。何为"精气神"？简言之，精，指构成人体生命活动的各层次的有形元素，常呈固体或液体状态；气，指构成人体生命活动的基本无形元素，常呈气体状态；神，指构成人体生命活动的各层次的形态功能变化活力。

有的人，即便初次见面，也会给人一种神清气爽的感觉。而有的人，则让人觉得萎靡不振。这就是不同人表现出的"精气神"给人的不同感觉。一个精力充沛的人，洋溢在脸上的是自信的笑容，举手投足间都给以感染。那么，如何让我们的生命保持活力呢？

首先，要经常注意自己是否精力充沛。因为一切情绪都来自于身体，如果你觉得有些情绪溢出常轨，那就赶紧检查一下身体吧。你的呼吸怎样？当我们觉得压力很重时，呼吸就会很不顺畅，这样就慢慢把活力耗竭了。如果你希望有个健康的身体，那就得好好学习正确的呼吸方法。

另外一个保持活力的方法，就是要维持足够的精力。怎样才能做到这一点呢？身体活动会消耗掉我们的精力，因而我们需要适度休息，以补充失去的精力。你一天睡几个小时呢？如果你一般都得睡上8到10个小时的话，很可能有些多了。根据研究调查，大部分的人一天睡6到7个小时就足够了。还有一个跟大家看法相反的发现，就是静坐并不能保存精力，这也就是为什么坐着也会觉得疲倦的原因。要想有精力，我们就必须"动"才行。研究发现，我们越是运动就越能产生精力，因为这样才能使大量的氧气进入身体，使所有的器官都活动起来。唯有身体健康才能产生活力，有活力才能让我们应付生活中各种各样的问题。

保持蓬勃朝气也并不是在公众场合装装样子而透支心力体力，留下一身疲惫，而是以科学的方法调整身心，无论在哪个场合，你都可以充沛精力、敏捷思维。

1. 在家中

清晨旭日东升，在阳光下散步、慢跑或倒走一刻钟，此时的阳光射进视网膜，能阻止身体分泌一种令人昏昏欲睡的荷尔蒙，使你情绪饱满，精神焕发。

冲一个淋浴，而且水温不要太高，不要洗热水泡浴，那会使你睡意更浓。淋浴时引吭高歌或者放些轻快的音乐，因为音乐能唤醒你的右半脑，使您情绪高涨。

上班前选择一套漂亮的外出装，对镜整装能唤起自信。适时化上较鲜亮的彩妆，以彩色心情迎接一天的工作。化了妆的颜面特别能给人不一样的感觉和心情，显出对生活的热爱。

当你家务缠身感觉疲惫时，不妨丢开一切，做自己喜欢的事。如翻相册，写信给老友，出去买一件新衣服，等心情转好再列出计划完成家务。

2. 在办公室

调校灯火，强弱适中的光和恰当的光源助你集中思想，从头顶射下的高强度灯光可能会引起偏头痛。别忘了在工作间隙做做深呼吸，以吸入更多氧气。

减少噪音干扰，电脑发出的高频率信号有损你的精力，因此当你不用电脑或暂时离开办公室时就把电脑关掉。配戴耳塞也是一种有效的方法。

伏案工作过长，不妨打一两个呵欠。打呵欠能帮助新鲜血液加速流向大脑，从而起到提神醒脑的作用。或者伸伸懒腰，调整一下姿势，以避免肩炎之类的职业病。

如果你的工作过于刻板，可尝试做些改变，在工作程序上做些变动以加快效率。

可适当调整办公室的布置，给人面貌一新之感，也可在办公室放置相框、喜欢的盆栽、油画或励志格言，使环境温馨，并能从容应付具挑战性的工作。

3. 体育锻炼

感到精神不振时散步片刻，10分钟轻快的散步会使后来的两小时内精力充沛。

如果你正在执行一套完整的锻炼计划，每周应有一天休息，以恢复体力。

以舒缓松弛的太极、瑜伽功代替快节奏的健身操。

大运动量的运动后不适合再干繁重的工作，而应是充分地休息调整。

4. 就寝

确定睡眠休息时间早晚的上限和下限，如11点半至早晨6时，避免养成睡懒觉的习惯。

　　睡眠不足是精神萎靡的重要原因，提前半小时入睡，两周下来等于多睡一晚。

　　白天小睡片刻有助于身体更好的调整和恢复。

　　避免吃得过饱后立刻睡觉，消化困难会影响睡眠，应尽量在饭后两小时才入睡。

💗 放下心灵的重负你才能走得更远

安徒生有一则名为《老头子总是不会错》的童话故事：

乡村有一对清贫的老夫妇，有一天他们想把家中唯一值点钱的一匹马拉到市场上去换点更有用的东西。老头子牵着马去赶集了，他先与人换得一头母牛，又用母牛去换了一只羊，再用羊换来一只肥鹅，又把鹅换了母鸡，最后用母鸡换了别人的一口袋烂苹果。在每次交换中，他都想给老伴一个惊喜。

当他扛着大袋子来到一家小酒店歇息时，遇上两个英国人。闲聊中他谈了自己赶集的经过，两个英国人听后哈哈大笑，说他回去准得挨老婆子一顿揍。老头子坚称绝对不会，英国人就用一袋金币打赌，三个人于是一起来到老头子家中。

老太婆见老头子回来了，非常高兴，她兴奋地听着老头子讲赶集的经过。每听老头子讲到用一种东西换了另一种东西时，她都充满了对老头子的钦佩。她嘴里不时地说着："哦，我们有牛奶了！""羊奶也同样好喝。""哦，鹅毛多漂亮！""哦，我们有鸡蛋吃了！"

最后听到老头子背回一袋已经开始腐烂的苹果时，她同样不愠不恼，大声说："我们今晚就可以吃到苹果馅饼了！"

结果，英国人输掉了一袋金币。

　　从这个故事中我们可以领悟到：不要为失去的一匹马而惋惜或埋怨生活，既然有一袋烂苹果，就做一些苹果馅饼好了，这样生活才能妙趣横生，这样，你才可能获得意外的收获。

　　我们的心灵有着太多的负重，有得到就会有失去。然而，倘若你紧紧抓住失去不放，得到就永远也不会到来。放下失败，抓住成功，就可以让生命重放光彩。而这一切，需要你有一颗淡泊名利得失、笑看输赢成败之心。

　　个性乐观的人对得失看得很淡，他们认为"得"是劳作的结果，无论劳心劳力，"得"都是心愿的实施，了却了心愿，却难免会失去追求。得到功名利禄的时候，满心喜悦，但同时也失落了沉思与警醒；得到婚姻的时候，爱情的光芒免不了黯淡；得到虚荣的时候，灵魂却在贬值；失去最爱的时候，便是得到永恒的寄托；失去依赖的时候，便得到人生必备的磨砺；失去憧憬的时候，便得到现实的选择。

　　人生就是一场游戏，有时你会赢，有时则会输。你应该训练自己掌握游戏的规则，这样你就会尽可能多地在游戏中获胜。两个工程师合作承担了一个研究项目，在项目即将完成时做了一次试验，结果出乎意料地失败了，他们从中发现了一些以前未曾预见的问题。面对困难与挫折，一位工程师陷入了深深的自责中，甚至怀疑自己是否还有完成研究项目的能力，而另一位工程师却为此感到欣慰：幸好现在及时发现了问题，这样可以在这个项目投入实际运作时避免许多错误。

　　毫无疑问，只有抱着积极的心态，才能使你有勇气迎战突如其来的挫折，才能不被挫折所击垮。也只有这样，你才能从挫折中获取有益的经验和教训，继续走上成功的道路。

对得与失的认知看似平淡，却折射出一种对人生使命的思考，对物质和精神关系的透彻理解。人的一生，就是得与失互相交织的一生。得中有失，失中有得，有所失才能有所得。一个人为了实现人生目标，体现人生价值，暂时放弃一些物质上的享受，去追求让更多的人过上舒适幸福的生活，这种精神不仅让人尊敬，而且那种目标达成后的精神愉悦是一般人所体验不到的，是超越物质的更高层次的精神满足和享受。

人生的确充满许多坎坷，许多愧疚，许多迷惘，许多无奈，稍不留神，我们就会被自己营造的心灵监狱所监禁。而心狱，是残害我们心灵的杀手，它在使心灵凋零的同时又严重地威胁着我们的健康。

巴特先生面临了工作上的瓶颈，他很想突破，但却觉得似乎总是有心无力。于是，他决定找生涯辅导专家咨询。

他来到了生涯发展中心，辅导老师为他分析了现状及瓶颈产生的原因，也和他共同拟订未来的行动方案。

然而，经过几次协谈，巴特先生仍然在原地踏步，不论是分析现况或规划未来，在咨询的过程中，巴特先生最常说的一句话就是："我知道……但是……"例如：

"我知道我应该要努力走出一条属于自己的路，但是我担心自己的能力不够！"

"我知道自己最想做的是和艺术有关的工作，但是家人期望我当工程师。"

"我知道应该多运动，但是工作实在太忙了，没有时间。"

"我知道我要改一改自己的脾气，但是个性本来就不容易改变。"

虽然是一句看起来稀松平常，也常被挂在嘴边的话，然而，当我们也成为"巴特族"的一员，经常讲出这样的话时，就代表我们的思考模式已经习惯地朝向限制性的想法。

在日常生活中，我们经常不自觉地被一些习惯性的想法所限制，例如：

从来没有人这样做过，还是不要冒险吧！

以目前的状况，绝对不可能完成。

这样做，别人会怎么想？

这怎么可能做得到呢？别傻了。

我看不出有什么可能性，不可能会成功的。

我的学历（财力、人力…）不足，还是别妄想了。

心灵的力量是很大的，尤其是限制性或负面思考，形成了我们的内心对话，阻碍了我们迈向成长与成功的可能性。所以，想要走得更远，就请放下心灵的重负吧！将心灵的重负放下，你才能露出更灿烂的笑容，你才能拥有一个完美好心情。

第七章

家和才能万事兴——守护亲情、爱情

女作家三毛说："家就是一个人在点着一盏灯等你。"当你受伤的时候，当你孤立无助的时候，当你一无所有的时候，别忘了回家，家会轻轻抚平你的创伤，家会用真情温暖你孤独的心。漂泊良久你会发现，唯有家才是你最忠实的港湾，唯有亲人才是你可以停靠的码头。

托尔斯泰说："并不是我所喜爱的东西我都拥有了，而是我拥有的东西我都喜爱。"这是一种幸福，是一种刻家人的爱与温情的享受，是对自己珍贵情感的珍惜，是对生活、对亲情与爱的更好诠释。

♥ 把目光停留在你拥有的人身上

世间万千情感，唯有亲情是最难割舍的情感。亲情，是一首永恒的歌，是那种柔和甜美、低声吟唱的曲调；亲情，是一条流淌不息的溪，是那种潺潺流过、沁人心脾的水流。

亲情的流露不是用豪言壮语，而是在生活的点滴中。亲情如发，细微而又浓密。

多少年过去了，他还是害怕黑夜。

他忘不了是在一个黑夜，他的妻子离开了，他忘不了是在一个黑夜，他答应妻子要好好照顾他们的儿子。他最终没能拯救自己的妻子，最终成为了一个单亲爸爸。他决定独自抚养7岁的小男孩。每当孩子和小朋友玩耍受伤回来后，他就会对过世的妻子有一种说不出来的愧疚，心底不免传来阵阵悲凉的低鸣。

为了生存，他拼命工作。最近单位太忙了，他不得不出一趟差。因为要赶火车，没时间陪孩子吃早餐，他便匆匆离开了家。一路上他总担心孩子有没有吃饭，一个人会不会害怕，会不会被别人欺负，他的一颗心没有一刻是放在肚子里的。即使抵达了出差地点，也不时打电话回家。没娘的孩子总是很懂事，孩子告诉爸爸不要担心。

因为心里牵挂不安，他草草处理完单位的事情，便匆匆踏上了回家的列车。回到家时，已是半夜了。孩子早已经熟睡了，看见儿子一切都好，他这才松了一口气。旅途上的疲惫顿时向他袭来，让他全身无力，他恨不得裹住饥饿的肠胃，倒在床上赶紧睡着。正在准备就寝时，突然大吃一惊：棉被下面，竟然有一碗打翻了的泡面！碗里的汤汁浸透了被单，他实在忍无可忍了。

"小兔崽子！"他在盛怒之下，朝熟睡中的儿子的屁股，一阵狠打。"为什么这么不听话，惹爸爸生气？你这样调皮，把棉被弄成什么样了？我每天容易吗？忙完了单位的，忙家里的，回来后还不能睡个安神觉。"这是妻子过世之后，他第一次体罚孩子。

"爸爸，我没有……"孩子睁着惊吓的眼睛，呜呜咽咽地辩解着："我没有不听话，这……这是我做给爸爸吃的晚餐。"

原来孩子为了配合爸爸回家的时间，特地泡了两碗泡面，一碗自己先吃了，另一碗则留给了爸爸。可是因为怕爸爸的那碗面凉掉，所以他灵机一动，把它放进了棉被底下保温。

爸爸听了，一句话也说不出来，只是紧紧地、紧紧地抱住了孩子。看着碗里剩下那一半已经泡涨的泡面，一个劲地嘟囔着：儿子，爸爸不好，爸爸吃，一定要好好地品尝这碗味道最好的面条……

在人的一生中有一种最初的、最原始的感情，人们惊奇造物者的神奇，惊奇得让几乎所有人都感动。友情、爱情都是需要培养的，甚至是有代价的付出之后才能得到的。只有亲情是融入你血液里的最真挚的爱，只有亲情是你一生不变的依赖。

曾经一位著名的作家见到了托尔斯泰，对他说："先生，您真幸福，您所喜爱的东西，您都拥有了。"

托尔斯泰平和地说："并不是我所喜爱的东西我都拥有了，而是我拥有的东西我都喜爱。"

爱的感觉，总是在一开始觉得很甜蜜，总觉得多一个人陪、多一个人与你分担，你终于不再孤单了，至少有一个人想着你、恋着你，不论做什么事情，只要能在一起，就是好的……

有一句流行的顺口溜：握着老婆的手，好像右手握左手。每当人们听到这句话时，有的便会意地点点头，也有的对之付以无奈的一笑。很多人都感叹它的感觉准确、描述到位。

一对已结婚十多年的夫妻，封存了当年的浪漫，实实在在地为了生活而生活着。一天，他们一起去城市的另一端看望原来的朋友，回家时天色已晚。好不容易等来了末班车，见到拥挤的人群，丈夫说，咱俩分别从前后两个门挤上去吧，人太多了。妻子点头表示同意。

从前门挤上车的丈夫，慢慢挪到了车厢中间，被一层层的人包裹着，呼吸都变得十分困难。车子开到了拐弯处，车身剧烈地晃动着，忽然一只柔嫩的手轻轻地抓住了他的手，凭感觉他知道那一定不是妻子的手，因为妻子的手，每天要干那么多的家务，肯定没有如此温热、柔软、细腻而且摄人心魄……

他希望时光停滞，他也希望这车能一直不停地开下去，哪怕一辈子都行。他在想象，我握在手里的是一个什么样的女人呢？她多大年龄了？她叫什么名字呢？怎么样才能和她保持好日后的联系呢？

忽然脑门一亮，将自己的名片悄悄取出一张，塞在那只可爱的小手里。终于到家了，丈夫恋恋不舍地放开了攥出香汗的小手，下了车。从后门下车的妻子依旧和往常一样，看来她没有觉察到什么。

马路的对面就是他们的家，在他们横穿马路的一瞬间，一货车疯也似地冲了过来，妻子丝毫没有犹豫，用身体把丈夫撞了回去……

丈夫抱起不住淌血的妻子跑进医院，三个小时后，医生出来告诉他，我们已经尽了力，抓紧时间，妻子还想见他最后一面。丈夫走进病房时，妻子的一只手攥成了拳头，然后缓缓张开，丈夫的名片沾满了红色，悄无声息地滑落下来。

有一天，在餐桌上有人讲到了那句顺口溜和这个故事。当时有一对青年夫妻，听完故事后，那个妻子就愤愤地冲自己丈夫说，"瞧你们男人这德性！"男士们忙说闹着玩别当真。没想到这位妻子却认真地说："最妙的就是这'左手握右手'。第一，左手是最可以被右手信赖的；第二，左手和右手都是自己的；第三，别的第三只手任怎么叫你愉悦兴奋、魂飞魄散，事后都是可以甩手的，只有左手，甩开了你就变残缺了。"

一桌子男士都纷纷点头表示佩服，称赞这位妻子的理解深刻而独到，这位妻子淡淡地说："你们不妨回去念给各自的妻子听听，看她们会说些什么。"

席散了，当中有胆子大的男士果然回去试探妻子，果然妻子们的理解均与餐桌上的女士相同。

不过还有一位妻子提出了更新的见解："初听这故事，都会为这男人生气，可后来一想，其实这故事的悲剧并不在于那男人，他妻子也有责任。你想想，结婚十几年的夫妻了，如果妻子没事时总和丈夫拉拉手握握手什么的，还至于让他丈夫把自己妻子的手当成别人的手吗？"

有史以来，关于婚姻的话题内容太广泛也太沉重，人们不能简单地肯定谁或批判谁。

我们容易沉浸在现有的快乐中，久久陶醉而不能自拔，当这快乐突然消失，我们茫然不知所措，为失去的快乐陷入苦闷的深渊，却没有发现在生命中的其他地方还有太多的快乐在等待我们。

有人说："别人的东西比我的好。"

有人说："失去后才会懂得珍惜。"

智者说："珍惜你的拥有就是幸福！"

懂得把欣赏的目光停留在你拥有的人或物品上，你会发现你拥有着世界上最美妙的宝物。因此，请珍惜你现在拥有的最为珍贵的爱，珍惜所有爱你的人，珍惜你拥有的人！

♡ 爱情的完美标准在哪里

有一回，柏拉图问老师苏格拉底什么是爱情。苏格拉底叫他到麦田走一次，要不回头地走，在途中要摘一株最大、最好的麦穗，但只可以摘一次。

柏拉图觉得很容易，就充满信心地出去了。谁知过了半天他仍没有回来。最后，他两手空空地出现在老师眼前，垂头丧气地说："很难得看见一株看似不错的，却不知道是不是最好。因为只可以摘一株，不得已只好放弃，再接着看有没有更好的。到发现已经走到尽头时，才发觉手上一株麦穗也没有。"

苏格拉底回答说："这就是爱情！"

柏拉图又问老师苏格拉底什么是婚姻，苏格拉底叫他到树林走一次，要不回头地走，在途中要取一棵最好、最适合用来当圣诞树的树材，但只可以取一次。柏拉图有了上回的教训，充满信心地出去，半天之后，他一身疲惫地拖回一棵看起来直挺、翠绿，却有点稀疏的杉树。

苏格拉底问他："这就是最好的树材吗？"

柏拉图回答老师："因为只可以取一棵，好不容易看见一棵看似不错的树，又发觉时间、体力已经快不够用了，也不管是不是最好的，就拿回来了。"

这时，苏格拉底告诉他："这就是婚姻！"

在人与他人的关系中，最微妙的就是人与自己生命中的伴侣的关系。有人说婚姻不等于爱情，所以有的人重爱情不重婚姻，有的人重婚姻而不重爱情，当然，更多的人想婚姻和爱情兼得。

实际生活中的爱情和婚姻本身是不同的两件事。爱情是可遇不可求的，婚姻是实实在在的生活；爱情是人生美好的追求，婚姻是生活的落实；爱情让一个人变得丰富，婚姻让人变得强大。

爱情是感性的，它来自于人的主观创造，是两个人之间的事情，情至浓时，任何外力都无法干扰。婚姻是理性的，它来源于现实生活，是一种社会的共同行为，必然要接受社会的价值评判。爱情是超世俗的，它可以抛弃一切世俗化的限制，但当要步入婚姻时，许许多多的世俗条件就随之而来了。

甜蜜的爱情许多人都体验到了，而婚姻美满却是每对新人极力追求的，但结果如何呢？其实，婚姻的理想境界不是"美满"而是"适应"，就是男人与女人在一起相互适应，比如她包容他的懒惰，他适应她的唠叨。能达到这种境界也就洞悉了婚姻的基本奥秘了。

遗憾的是，人们总是一味地追求婚姻的"美满"，而把"适应"视为平庸，于是婚姻往往就显得不堪重负了，甚至在叹息中结束。

关于爱情，大部分的人倾向于同意一种说法："婚前，要把双眼都睁开；婚后，则要睁一只眼、闭一只眼。"到底要睁开几只眼，才能把爱情看个清楚？抑或是：不论你睁开几只眼，爱情，总有它的模糊地带。

不论在恋爱的哪一个阶段，谁能够用不同标准来和同一个人相处呢？

如果，你深爱一个人，却觉得必须依照和他生活的不同阶段，改变对他的要求标准，才可以和平而快乐地相处下去。那么，你应该想一想：这个"要求"是否恰当，而不是考虑在"标准"的高低上有所取舍。

要求对方专心听你讲话，要求知道对方的行踪，这些都是"要求"。如果有问题的话，应该是这个"要求"恰不恰当的问题，而不是标准高低的问题。

你无法以分钟为单位来计算对方听你说话时专心的程度；也不能以小时为单位来衡量报告行踪的频率是否足够令你放心。这样的斤斤计较，无疑是太累人的事。

很多相处上的事情，如果能放掉所谓的"标准"，容忍爱情有一些灰色地带，而回到"要求"的本身是不是合情合理，双方的包袱将会减轻很多。对那些耳聪目明的人来说，刻意要"视而不见"，的确是很不容易的事。但是，不能否认的是：爱情，到最后常常是属于那些大智若愚的人。

情人之间所有的"要求"中，没有比要求"坦诚"更难的事。不欺骗、不隐瞒，看似简单，做起来却十分不容易！"诚实"，是一种美德！但平凡人经常做不到。情人之间很难真正有百分之百的坦诚。难怪有人说："爱情，这件事的本身，充满了谎言。"

基本上，"坦诚"确实是一种美德。它可能与生俱来，也有可能靠后天的教养而来。如果你的伴侣并不具备"坦诚"这项美德，就算你逼死他，他永远也无法达到你的标准。当你的伴侣经常说谎、或百般蒙骗，你要考量的是：该放弃"坦诚"这一项要求，还是干脆放弃这个不老实人？

　　不论你张开几只眼睛谈恋爱，还是无法避开爱情的烟幕，它经常"善意地"阻挡了你的视眼。比如，当对方刻意隐瞒行踪，最后却被你发现时，他的理由是："因为怕你操心，所以不敢告诉你"；当对方不小心撒了谎，最后却被你拆穿时，他的辩解是："你平日疑心病那么重，为了不想和你发生不必要的争执，我才会那么说"；当对方编织一个借口，最后却被你识破时，他的说辞是："其实那是无关紧要的事，何必解释那么清楚，花你的时间！"……

　　类似的烟幕太多太多，简直不胜枚举，就算你天生慧眼，还是难以招架。与其耗尽眼力，一定要把爱看个清楚，只恐怕到最后伤了眼睛，也伤了和气。

　　耳聪目明的人谈恋爱，一定要先懂得"装傻"。例如：一个人的品德与价值观。小地方就不妨任由它去，例如："为什么迟到那么久？""昨天口袋里的300元花到哪里去了？"无论爱情进展到哪一个阶段，其实这个原则都可以适用。

　　完美的爱情只在故事里，完美的恋人也只在故事里。所以，完美的爱情没有统一的标准，宽容、忍让、珍惜，爱才会长久。

💝 女人的需要和男人的爱

男人和女人通常都没有意识到他们有不同的感情需求，所以，不知道该如何给对方以爱。男人通常只是给他们想给的，但可惜他们所付出的爱，她并没有感觉到，因为那些并不是她所需要的。

例如，女人在难过时，你常用评论来缩小她问题的严重性以表现你的爱，但女人会因此认为她在你眼中微不足道、受到漠视。了解女人需要什么样的爱，是增进和巩固男女爱情关系的有效秘方。

具体来讲，女人需要主要体现在如下几方面：

1. 女人需要关心

当男人对女人的感觉表示兴趣、关心她的幸福时，女人就会觉得被爱、被关心。如果他因此而让她觉得很特殊，他就已经成功地给予了她关心，这样她会自然而然地更信任他，对他更温柔更多情。

如果你对她的话不肯倾听，对她感兴趣的问题心不在焉——比如，她刚刚做完头发去和你约会，很可能是想给你一个惊喜，你注意到了，但没有表示——她就会觉得你对她不够关心，没有爱她。

2. 女人需要理解

男人如果能不加判断、感同身受地领会女人传送的感觉，女人就会觉得自己被爱与被理解。女人需要你理解她，但她不会向你提出理解的要求，她相信你有这方面的能力。

有时女人可能会向你谈起她的一些麻烦和不顺利，但你最好不要试着帮她解决，这样做是费力不讨好的和愚蠢的，因为即使你的主意再高明，那也不是她需要的。她只需要你理解她，她就感受到被爱了。此时最高明的策略是：以静制动。

3. 女人需要尊重

有时你的一句粗野的讨厌女人的话，也许会招她喜欢，她觉得你有点"男子汉气概"；但她希望你讨厌别的女人，并不意味着她喜欢你不尊重自己，如果男人能认可和优先考虑她的权利、愿望和需求，她就会觉得自己很受尊重。送她一束花，对你来说可能有点不自然，但这是满足女人需要尊重的必要手段。如果她向你说起她的烦恼和不顺利，你千万不要因为她带给你难过而生气甚至责备她，那样她会觉得你不尊重她。

4. 女人需要忠诚

当男人优先给予女人以关心和爱护，并骄傲地承诺自己会支持她、满足她时，女人会因受到崇拜和特殊的对待感到满足。所以，你对待她的感受与要求，要比对自己的兴趣——比如工作、读书、娱乐——更加重视，让她感受到她是你生活中的唯一珍爱的女人。千万不要认为她的哪怕是微不足道的要求缺乏重要性，那样不能突出她的特殊之处。久而久之，她就会怀疑你好像在另觅新欢。

5. 女人需要赞美

赞美女人就是以惊奇、喜悦、肯定来尊重她。切记不要以为赞美无关痛痒而忽略它。对男人来说是这样，对女人来说则不然。相信甜言蜜语的力量吧，它会使女人心情愉快而更显美丽。不要同女人争吵，如果男人想表达不同的观点，你需先确定她已说完，然后在你表达之前先重复她的观点，并对其某个细节赞不绝口。

在两个相爱的人之间，我们希望得到对方的关心和重视，尊重和理解。这是维系长久爱情的主要因素。如果一方得不到应有的体谅和关心，就会产生受伤害的感觉，久而久之，就会威胁到两人的爱情。也许，这份爱情是在患难中产生的，经历过许许多多的磨炼和考验，但如果得不到两人精心的呵护和用心的经营，也最终会寿终正寝的。

男人和女人一样，喜欢"堕入情网"，这是一种令人心旷神怡的感受。神话中说，从前人是一种"圆球状的"特殊物体，他有四只手，四条腿，观察相反方向的两副面孔、一颗头颅，四只耳朵。人的胆大妄为使奥林匹斯山上的众神忐忑不安，众神之王的宙斯于是决定把人一分两半，就像"在腌制花椒果之前把它分开，或是用一根头发切开鸡蛋那样"，使分开之后的每一个人不是用四条腿，而是用两条腿走路，这样人就变得软弱一些了。在人的身体被分开两半以后，"每一半都急切地扑向另一半"，他们"纠结在一起，拥抱在一起，强烈地希望融为一体"，这样就产生了尘世的爱情。这个神话喻示了爱是与生俱来的一种渴望，是无法阻挡的对"完美"的追求。

的确，爱是人类的一种本能。没有人会认为爱情是无关紧要的，相反，人人狂热地追寻爱情。悲欢离合的爱情电影人们百看不厌，百般缠绵的爱情歌曲人们总是传唱不绝。

但爱情可不是件容易事，无论是对于男人还是对于女人，再也找不出一种行为或行动能像爱情那样以如此巨大的希望开始，又以如此高比例的失败而告终！如果是别的事，你也许会想方设法找出失败的原因，吸取教训，以利再战或者永远洗手不干。但因为你不可能放弃爱情，所以了解男人的爱情观点，以克服爱情的挫折，就成了一件非常重要的事情了。

你可能不同意这一说法，你认为男人是不会做"亏本生意"的。的确，一个人生境界还没有超越接受、利用或者贪婪阶段的男人，会把"给"解释为放弃，被别人夺走东西或做出牺牲。这样的男人也准备"给"，但一定要通过交换，只"给"而没有"得"对他来说就是"受骗"。这样的男人还会把"给"当作一种美德——自我牺牲，它意味着宁可忍受损失也不要体验快乐。

但爱情是一个很特殊的领域，更多的男人并不这样理解"给"的含义。他们通常认为"给"是力量的最高表现，恰恰通过"给"他才能体验到他的力量、他的丰富、他的活力，体验到生命力的升华使他充满的欢乐。对于男人来说，"给"会比"得"给他带来更多的愉快，这不是因为"给"是一种牺牲，而是因为通过"给"表现了他善于爱的意志力量。

在热恋中，一个男人常常会对他的恋人这样说："我愿意给你我的一切。"——女人也常常会这样说。这不一定是"花言巧语"，他的话很可能是真诚的。他可以把他拥有的最宝贵的东西——他的生命给予你，但这并不意味着他一定要为你献出自己的生命，而是他应该把他内心有生命力的东西给予你。他愿同你分享他的欢乐、兴趣、理解力、智慧、幽默和悲伤……简而言之，就是一切在他身上有生命力的东西。

所以，恋爱中的男人，在乎你犹如在乎自己。他为你做事，犹如做自己的事一般；为了让你快乐，他可以忍受任何艰苦，因为你的快乐就是他的快乐，奋斗不再是件难事，他为了更高的目的而精力充沛。

　　在恋爱之前的男人，只要能服务自己，他就很满意了。但是现在，自我满足已不能让他满意了。他的生活必须有爱来激发。虽然他也需要爱，但他更迫切需要的是给予爱。

　　当然，大多数男人在给的同时，也使接受者——你——成为一个"给"的人。他不但渴望给予爱，也渴望被爱，对他来说，这是女人接受的信号。如果他认为你接受了他给予的爱，他就会受到激发，被鼓舞，就会勇敢地、心甘情愿地、带着美妙的憧憬，堕入情网。

♥ 幸福的颜色从来都那么朴素

　　人人都渴望幸福一生。关于幸福，不同的人有不同的理解。

　　有人说，幸福是衣食无忧、安逸平静的生活；有人说，幸福是能实现自己的梦想，获得成功；也有人说，幸福就是拥有甜蜜爱情；还有的人说，幸福就是把自己的工作做好；幸福就是拥有一些熟悉、不需客套的朋友，能够相互分担、分享彼此的烦恼、快乐；幸福就是拥有一个舒适的工作间，书架上列满各式各样我所喜欢、对我有助益、启发的书，笔筒里都是我珍爱的文具，四周有绿色植物芳香围绕，还有一把坐再久都能觉得舒适的座椅；幸福就是冬天泡个热水澡，夏天与家人品尝冰西瓜；幸福是拥有相互了解的人生伴侣，拥有身心的平和与宁静……

　　是啊，有时，幸福的涵盖内容太多了，它包括物质、精神的方方面面，难以苛求；有时，幸福的概念又是那么单纯，只要有一杯清茶或片刻的心情愉悦，就已足够。

　　常听身边的人抱怨命运的不公、生活的平淡，幸福对我们来说，似乎是一种太奢侈的东西，如同海市蜃楼一般，可望不可及。直到有一天，读到享誉全球的大教育家苏霍姆林斯基的这样一个故事：曾在一个春天，他和他的学生们共同买了一条小木船，然后划到一个荒无人烟的小岛上去探险。教育家写道："可能有人会想，作者想借这些事例来炫耀自己特别关心孩子。"不对，买船是出于我想给孩子们带来快乐，对于我就是最大的幸福。"

一个欲离婚的女子厌烦了现有的琐碎生活，但她一直对其外祖母的幸福和谐生活充满好奇。有一天，她终于忍不住打开了外祖母的日记，原来里面记录着外公为她洗了多少衣服，吻过她多少次，洗过多少次脚……原来生活中的琐屑小事便是幸福的源泉。

生活中原来时时刻刻充满了幸福，这幸福来自于生活的细微末节，只有用心去品味，幸福同样有色香味，同样可观、可闻、可吃、可品。

幸福不是金钱的多少，更多的是一种感觉，一种你认为幸福你就幸福的感觉。早晨睁眼看到美丽的朝阳，鼻子嗅到清新的空气，那么你是幸福的；在公司里出色完成任务，受到老板表扬，赢得同事们的尊重，那么你是幸福的；下班回家，看到桌子上香甜可口的饭菜和孩子优秀的成绩单，那么你是幸福的；晚饭后陪同爱人和可爱的孩子在公园中散步，享受天伦之乐，那么你是幸福的。生活中令你幸福的事很多，只要你细心观察，用心体味，就会发现有许多乐趣包含其中。

著名作家毕淑敏的《提醒幸福》中有这样一段话可以很好地诠释幸福："幸福绝大多数是朴素的，它不会像信号弹似的，在很高的天空闪烁红色的光芒。它披着本色的外衣，亲切温暖地包裹起我们。"

如果你是一个悲观的人，那么幸福对你而言就太陌生了。早晨家人叫你起来享受美好舒心的空气，分享幸福，你会觉得"早晨"天天有，何必这样珍惜；可当你重病在身，想享受早晨的美好时，早已力不从心，你会发现你放走了一个幸福；工作时出色完成任务，受到大家的赞赏，而你却不以为然，认为自己还能完成更出色的任务，可你太高估自己、一味追求更高，导致以后无所作为，你才会想起自己以前愚蠢的想法，会发现你又放走了一个幸福。

也许你现在不会觉察到，那再过30年、40年、50年，再回头看看自己曾经走过的路：脚印是那样漂浮、曲折，并无情碾碎了一朵又一朵的幸福之花。

不同的人有着不同的幸福。对于那些容易满足的人来说得到幸福时刻便多些；对于那些有大的期盼的人来说，总觉得自己不够幸福或者幸福根本就没有降临到他（她）的身上。其实幸福是个很简单的东西，准确地把握瞬间来到你身边的暖流，这些就是幸福。

幸福如一杯温热的茶，置于你面前的桌上，或者平淡，或者浓烈，也或者居于二者之间。关键是品尝者的心境。一饮而尽者，肯定尝不出个中滋味，如果坐下来细品，其中的苦与甜便从我们的感觉中充分流露出来。

幸福是一种态度，它出现在某一时刻，不是在"有一天……"。我们如果爱上现在所有的日子，我们会幸福得多，而且会得到更多的幸福和快乐。

爱是人世间最伟大的情感，请一心一意地爱我们所爱的人，珍惜我们拥有的幸福，享受我们正在感受的爱与温情，你将是世界上最幸福的人。

有一个活泼漂亮的女孩，她非常喜欢唱歌，小小年纪便成了远近闻名的文艺活跃分子。那一年她终于嫁了一个心爱的小伙子。一次两人去参加镇上的文艺会，一起上台演唱。回家后却遭到封建保守的公婆好一顿呵斥，他们禁止她抛头露面，禁止她上台唱歌，否则会赶她出家门。她害怕了，她不愿意离开刚刚搭建的安乐窝。从此，就是平时在家里也不敢再唱了，但是她那么喜欢唱歌，那些歌仿佛要冲破她的喉咙似的。

有一天，她实在按捺不住，临睡之前在房里轻哼。她一哼，自己反而被吓了一跳，赶紧捂住嘴，但还是被细心的丈夫听见了，他要她继续唱下去，她摇头，她不敢。他猛一下想出了一个好办法，把她拉到被窝里，用棉被蒙住她，他也钻进去了。她幸福地轻轻唱着，虽然不能尽情地放声歌唱，可是她也感到非常满足了。只有一个歌者，也只有一个听众，有时他也陪着她唱，有时合唱，有时对唱。

渐渐地，这成为了他们生活中最大的乐趣，他们每天都盼着这个时刻到来。一到傍晚，就把家里的活儿迅速做完，然后两个人把房门关紧，躲到被窝里唱歌。

冬天，棉被里很温暖，但一到夏天，他们经常唱得满头大汗，他们把汗一擦，又继续唱下去。这样的歌声一直陪伴着丈夫离去。

好长时间，她都不能适应一个人的生活。她也曾蒙住棉被试着唱歌，但已经没有人听了，也没有人对唱了。有时她幻觉他就在身边，他在仔细地听着，她就多唱几支；但有时，她又觉得他已经离开很久了；有时她唱得很认真、很欢快；但有时候，轻轻地哭泣代替了歌唱。

日子一天天过去了，他的影子也越来越模糊了，她唱歌的声音也越来越低，有一天，终于连她自己都听不到了。慢慢地，她把年轻时学的歌词忘了，把曲子也忘了。等安葬了公婆后，她也熬成婆婆了，环境变了，在已经没有人干涉女人唱歌的时候，她发现她已经没有会唱的歌了。

丈夫忌日到了，她谢绝了城里孩子们的热情挽留，执意要回老家。她说，这里我总觉得他不在身边，我唱得再精彩，他都不会听得到。所以我要回去，我要躺在那旧式的木板床上，蒙着以前和他一起盖过的棉被，唱歌给他听……

幸福的时刻，就是没有痛苦的时刻。幸福常常是朦胧的，很有节制地向我们喷洒甘露。它出现的频率并不像我们想象的那样少。大多数人们喜爱回味幸福的标本，却忽略幸福披着散发清香的时刻。人们常常只是在幸福的金马车已经驶过去很远，捡起地上的金鬃毛说，原来我见过它。世上有预报地震的，有预报台风的，有预报蝗虫的，有预报瘟疫的，却没有人预报幸福。你不要总希冀轰轰烈烈的幸福，它多半只是悄悄地扑面而来。

幸福绝大多数是朴素的。它不会像流星一样，在很高的天际闪烁着耀眼的光芒。幸福不喜欢喧嚣浮华，常常在暗淡中降临。贫困中相濡以沫的一碗面条，患难中心心相印的一个眼神，父母一次粗糙的不经意地抚摸，男友送来的一个温馨的微笑……

当你能体会到拥有的最朴素的幸福，你的脸上才会绽放会心的笑容。

🫰 宽容和责任是爱的精髓

有人说：爱是住在两个不同身体的同一个灵魂。圣经说：爱是恒久忍耐，又有恩慈；爱是不嫉妒，爱是不自夸，不张狂，不做害羞的事，不求自己的益处，不轻易发怒，不计算人的恶，不喜欢不义，只喜欢真理；凡事包容，凡事相信，凡事盼望，凡事忍耐。爱是永不止息。

无论怎样的爱情都有一个结局，或好或坏。而婚姻，则是爱情最美满的结局。当一同步入婚姻殿堂，恋人就成了夫妻。夫妻之间好比唇齿相依，少了原来的花前月下，面对更多的柴米油盐，免不了产生矛盾和摩擦。其实，矛盾或许不可避免，但可以用包容来化解。

夫妻之间最重要的基础是宽容、尊重、信任和真诚，即使对方做错了什么，只要心是真诚的，就应重过程、重动机、轻结果，夫妻的恩爱、宽容是善待婚姻的最好方式。爱是一门艺术，宽容是爱的精髓。

有这样一个故事：一个女孩和男友闹别扭之后赌气要分手，于是她开始写分手信。第一封写道："我不想再看见你了，我们分手吧！"没过两分钟，她觉得不妥，撕了重新又写："我觉得我们还是暂时不见面的好。"过了一会儿，想想，又撕了，开始写第三次："我们和好吧！我好想你，明天你能不能来？"

这就是女孩子吵架时的心理过程。相爱本来就是互相磨合体谅的过程，其实对自己的爱人，又有什么不能让的呢？真心的付出总会有回报！

可能大多数男士都希望找一个温柔、听话的女友。其实，任性一点的女孩子更有风情，更妩媚。女孩子最钟情的是被宠、被包围的感觉，尤其是在闹别扭的时候，她们的这种天性更是显露无遗。如果这个时候你还要负气装"酷"，发狠似地和她比矜持，赛耐力。那么，等她真的被你酷"毙"了，你就会知道自己当初有多么不应该。

女孩如花，是需要男孩用心浇灌的，闹情绪正是体现你爱心的时候，你不让她谁让她？女孩最需要的是男友爱的滋润。更何况，现在她还只是你的女友，你忍耐到娶得美人归的时候，有的是机会修理她。只怕到时候，她给你的万千柔情会彻底软化你的钢牙利爪。

两个人闹了矛盾后，作为男人就应该大度一点，不妨让着点。这有两个好处：一是能缓解当时剑拔弩张的气氛，二是能给双方一个台阶下。如果双方都不让，两个人都僵着，小矛盾就可能演变为大矛盾。恋爱中的女孩都希望被宠着、哄着、护着，你让着她，她的虚荣心得到了满足就自然会破涕为笑。所以男士们，当你和女友闹矛盾时，你不妨让着她，装作厚脸皮的样子，就让女友的花拳绣腿在你的背上来上几下，一场矛盾就这样化解了。不过，如果是在一些原则性的问题上有分歧，那就要另当别论了。

幸福看似简单，有时来得也是那么不经意。但是幸福也需用责任去体味。

有位妇人走到屋外，看见前院坐着三位飘着长白胡须的老人。她并不认识他们。

　　于是说："我想我并不认识你们，不过你们应该饿了，请进来吃点东西吧。"

　　"家里的男主人在吗？"老人们问。

　　"不在，"妇人说，"他出去了。"

　　"那我们不能进去。"老人们回答说。

　　傍晚当她的丈夫回家后，妇人告诉丈夫事情的经过。

　　"去告诉他们我在家里了，并邀请他们进来！"

　　妇人走出去邀请三位老人进入屋内。

　　"我们不可以一起进去一个房屋内。"老人们回答说。

　　"为什么呢？"妇人想要了解原因。

　　其中一位老人指着他的一位朋友解释说："他的名字是财富。"

　　然后又指着另外一位说："他是成功，而我是幸福。"

　　接着又补充说："现在你进去跟丈夫讨论看看，要我们其中的哪一位到你们的家里。"

　　妇人进去告诉丈夫刚刚与老人谈话的内容。

　　她丈夫非常高兴地说："原来是这么一回事啊！让我们邀请财富进来！"

　　妇人并不同意，说道："亲爱的，我们何不邀请成功进来呢？"

　　他们的儿媳在屋内的另一个角落聆听公婆的谈话，并插进自己的建议："我们邀请幸福进来不是更好吗？"

　　丈夫对太太讲："就让我们照着儿媳的意见吧！快去请幸福来做客。"

　　妇人到屋外问那三位老者："请问哪位是幸福？"

　　幸福起身朝屋子走去。另外两个老者也跟着他一起走进屋子。

妇人惊讶地问财富和成功："我只邀请幸福，怎么连你们也一道来了呢？"

老者齐声回答："如果你邀请的是财富或成功，另外两人中的任何一位都不会跟进，而你邀请幸福的话，那么无论幸福走到哪儿，我们都会跟随。哪儿有幸福，哪儿就有财富和成功。"

人生在世，不免要承担各种责任，家庭、亲戚、朋友、国家、社会。责任心最基础的体现是对家庭。

"责任就是对自己要去做的事情有一种爱。"因为这种爱，所以责任本身就成了生命意义的一种体现，就能从中获得心灵的满足。相反，一个不爱家庭的人怎么会爱他人和事业？一个在人生中随波逐流的人怎么会坚定地负起生活中的责任？这样的人往往是把责任看做是强加给他的负担，看作是个人纯粹的付出而索求回报。

一个不知对自己人生负有什么责任的人，他根本无法弄清他在世界上的责任是什么。有一位小姐向托尔斯泰请教，为了尽到对人类的责任，她应该做些什么。托尔斯泰听了非常反感。因此想到：人们为之受苦的巨大灾难就在于没有自己的信念，却偏要做出按照某种信念生活的样子。当然，这样的信念只能是空洞的。更常见的情况是，许多人对责任的关系确实是完全被动的，他们之所以把一些做法视为自己的责任，不是出于自觉的选择，而是由于习惯、时尚、舆论等原因。譬如说，有的人把偶然却又长期从事的某一职业当作了自己的责任，从不尝试去拥有真正适合自己本性的事业；有的人看见别人发财和挥霍，便觉得自己也有责任拼命挣钱花钱；有的人十分看重别人尤其是上司对自己的评价，于是谨小慎微地为这种评价而活着。由于他们不曾认真地想过自己的人生究竟是什么，在责任问题上也就是盲目的了。

　　如果一个人能对自己的家庭负责，那么，在包括婚姻和家庭在内的一切社会关系上，他对自己的行为都会有一种负责的态度。如果一个社会是由这样对自己的人生负责的成员组成的，这个社会就必定是高质量的、有效率的。因为，宽容和责任才是爱的精髓。

　　常言道：知足常乐。当你以一颗宽容之心面对家庭的琐琐碎碎，你的内心一定是知足的，你的心情一定是快乐的。

💙 家是你永恒的港湾

有个年轻人离别了母亲，来到深山，想要拜活菩萨以修得正果，路上他向一个老和尚问路，寒暄之际，年轻人说明动机，并问老和尚哪里有得道的菩萨。

老和尚打量了一下年轻人，缓缓地说："与其去找菩萨，还不如去找佛。"

年轻人顿时来了兴趣，忙问："那么请问哪里有佛呢？"

老和尚说："你现在回家去，在路上有个人会披着衣服，反穿着鞋子来接你，那个人就是佛。"

年轻人拜谢了老和尚，开始启程回家，路上不停地留意着老和尚说的那个人，可是快到家里时，也没见到。年轻人又气又悔，以为是老和尚欺骗了他，他回到家时已经是很深很深的夜里，他灰心丧气地抬手拍门。他的母亲知道自己的儿子回来了，急忙抓起衣服披在身上，连灯也来不及点着就去开门，慌乱中连鞋子都穿反了。年轻人看到母亲凌乱的样子，不禁热泪盈眶，心里也立即领悟了。

屋檐虽低，门槛依旧，不管你是衣锦还乡，还是失魂落魄蓬头垢面而归，家的门永远为你敞开着。岁岁年年，年年岁岁，无论春夏还是秋冬，家永远执着地为你抵挡外来的风风雨雨，为你撑起一柄爱的巨伞。

我们从出生到老去，谁能离得开家的怀抱？谁能挣得脱家那永远不变的炽热情怀？小时候，家是母亲；长大了，家是父亲；结婚后，家是妻子（丈夫）那温情脉脉的眼神，家是孩子那甜甜的醉人的吻。再往后，家是子孙绕膝的天伦之乐，是风雨同舟几十载的老伴的唠叨。

托尔斯泰有句名言："幸福的家庭都是相似的，不幸的家庭各有各的不幸。"很多人也在抱怨婚姻像围城，家像枷锁。但是，风平浪静的日子里我们可能不需要港湾，当大的狂风暴雨袭来，任何一个人首先想到的就是"家"。家才是一个人最安全的港湾。

那么，如何创造良好的家庭氛围呢？首先必须加强夫妻双方的共同心理修养，做到互敬、互爱、互信、互帮、互慰、互勉、互让、互谅。夫妻之间要经常进行情感沟通，彼此相敬如宾，恩恩爱爱，相依为伴，使家庭成为生活中平静的港湾，在家里能得到鼓励，得到关心，得到欢乐，让家庭生活充满生气，充满绚丽的色彩。

读过西方哲学的人，大多知道尼采的一句名言："你到女人那里去吗？别忘了，带上你的鞭子！"这条给男人世界带来无限风光的鞭子，同时也给无数的妇女和儿童带来一片凄风苦雨。家庭是人们心灵的港湾，情感的驿站，一旦充满了暴力，港湾将不再宁静，驿站也不再祥和。中国古代在夫妻关系上一直强调婚姻是合两性之好，夫妻间举案齐眉、相敬如宾一直是受到人们称赞的。《诗经·小雅·常棣》上说："妻子好合，如鼓瑟琴。"夫妻应如琴瑟一样相互和谐，共同演奏生活的乐章。

无礼，是侵蚀爱情的祸水。当我们对别人彬彬有礼的时候，我们很容易对自己亲近的人无礼。我们不会想到要阻止陌生人说："哎哟，你又要讲那旧故事了吗？"我们不会未经许可而拆朋友的信，或窥探他们私人的秘密。而只有对家中的人，对最亲近的人，我们才敢因为他们的小错而侮辱他们。狄克斯曾说："那是一件惊人的事，但唯一真实地对我们说出刻薄、侮辱、伤感情的话的人，都是我们自己的家人。"

家庭礼仪仿佛是婚姻中的营养剂，它能带来加分的效果。丹姆罗希与他夫人一直过着幸福的生活。"除了慎重选择自己的伴侣外，"丹姆罗希夫人说，"我以为结婚后的礼貌是最重要的。年轻的妻子们对她们的丈夫应该像对刚见面的人一样有礼！无论哪一个男人都要逃避一个泼妇的口舌。"

结婚、组成家庭这个理由，虽然足以说明自己是如何爱对方，但却不能够让对方受用一辈子。人们往往有点痴狂，喜欢有人不时肯定他们的行为，尤其是女士。

通常，男士们比较容易知道自己的定位。假如他们工作表现不好，上司很快就会提醒他们；假如他们做成了一笔大生意，也很快就会晋升、加薪或在同事之间得到表扬。但女士们便不同了。她们更看中生命中的另一半告诉她、肯定她。家人的感谢和赞美是自己唯一的奖励。当你拥有一个舒适的家庭，有情爱、有乐趣、食物也可口……这些都来自于你温暖的家庭。所以，我们更需要时时全心全意地感谢对方、赞美对方。

适时的赞赏是储蓄感情的良方。但凡有矛盾的家庭，都是表扬严重不足的。正因为表扬的欠缺，才会常常自我表扬。自我表扬在女士身上，又往往以絮叨这种表现形式为开始，在男士的沉默或暴躁中结束；男士的自我表扬多闷在心里，急了时会千言万语归为一句话：

"我还不是为了这个家！"

　　表扬，不是人事鉴定，更多是一种感受性的东西，是对对方价值和付出的肯定、认可和尊重，可以起到"良言一句三冬暖"的效果，化怨气为力气。仅在心里记着对方的好处是没用的，还得表现在口头上，落实在行动中。要记住，如果你想赞赏对方，任何小事都会有闪光之处。

　　人人都把家看成自由的港湾，爱说什么就说什么。在单位，领导是万万不能得罪的，同事也是一团和气地你好我好他也好，客户更是得罪不起的。憋了一天，回到家终于可以彻底放松了，脾气也就上来了。但很少有人想到，最影响你生活质量的恰恰是身边的那个人，最不能伤害的也是你的另一半。要知道，爱、恨多由小事生。寻常夫妻吵架就像小虫啃噬树根一样，吵多了，伤人的话难免会说出口，天长日久会影响夫妻感情。

　　学会倾听，对男士尤为重要。女人爱唠叨，那是天性。其实她在说今天谁如何如何了，工作不顺心了，菜价涨了，交通堵了，天要下雨了，都是一种表达惯性，只要你给个耳朵听，做出认真听讲并思考的样子就行了。多数时候，女性要的是一种"你关心我"的态度，而不是你提供的答案。这是一个感情体贴与否的问题。日本的一项调查发现，大凡爱听妻子唠叨的家庭，夫妻和睦，且妻子大都身体健康（调查没说丈夫是否健康）。聪明的丈夫会在认真听（起码是显得认真）之后，适时地发出"嗯""啊""唉""是吗"，然后巧妙地引出别的话题或吃饭、看电视，于是天下太平。

　　最有效的交流，应该是让你的话走进对方的心。虽说是"良药苦口利于病"，但心理学早就证明，人在接受负面信息时会产生自我防卫心理。说话者认为是真理的东西，到了听话者耳中就变了味儿。聪明的做法是，把苦口的良药包上糖衣喂给对方。

夫妻之间可以讨论，但不能争论。争论是人际关系的一个陷阱，在争论中是没有赢家的，对夫妻来说更是如此。

在交流中应注意的方面还有很多，如，说话要看场合及对方心态，在朋友面前要互留面子；增强反馈意识，及时了解对方的内心感受；注意男女有别，避免交流失误；说话的态度和情绪有时比说话的内容重要。

如果没有赞赏，只有批评，那婚姻就不会幸福。使许多罗曼之梦撞击离婚礁石的一个原因，就是因为批评——无用的，令人心碎的批评。

赞赏是婚姻的兴奋剂，批评则是一剂毒药。要想让婚姻幸福、家庭快乐，就要学会赞赏的技巧。

💙 神秘的两性心理差异你知多少

人们常说："有缘千里来相会。"的确，没有哪一种缘分比姻缘更能让人缠绵、更能让人痴情了。缘分是通向爱情圣殿的鹊桥，是男女之间真诚的友爱。因为有了那冥冥之中的缘分，使两个原本陌生的人走到了一起，从此共同面对风雨人生，一路同行，"在天愿作比翼鸟，在地愿为连理枝"。

缘分最珍贵的是相依为命，最浪漫的就是陪着你慢慢变老。爱情需要缘分，更需要两个人精心呵护，彼此惜缘。两颗心一起去奋斗、一起去支撑、一起去面对生活中的种种困难，携手走过漫长的人生路。不论贫富，不论健康还是疾病，始终不离不弃。

有爱才会有怜爱，有珍惜才能留住爱。不管为爱有过怎样的迷茫和错误，还是为爱怎样的痴狂过，只要真爱过，就没有让圣洁的爱情受到玷污。但要相信，爱情在平淡中自然升华，应学会捕捉爱的光辉，然后让这份爱细水长流、绵延不绝。

世间的佳人才俊，自古至今都在演绎着相恋相爱的传奇，犹如星移斗转、寒来暑往，天经地义，顺情合理。那么男女恋爱心理表现在哪些方面呢？

从恋爱的过程中看，男女恋爱心理的差异表现在以下六个方面：

1. 对恋爱的态度不同

一般来说，女性认为"亲密"是爱情最重要的因素。女性在恋爱中渴望得到的，是和男性建立起亲密的关系，即她们追求在感情方面的高度接近。因此，女性只要爱上一个男性，用情就很热烈。而男性却把"吸引"视为爱情中最重要的部分。男性在爱情生活中，往往把自己的才学、能力与异性的美貌、柔情的相互吸引作为支柱，他们希望女方对自己一往情深，但却觉得自己付出柔情蜜意是一种柔弱的表现，有失男子的气度，所以即使热情如火，也不愿意做出过于袒露的表示。

2. 择偶标准的不同

当代青年择偶，女性更注重男子的才华、职业、经济等条件；男性则更注重女子的体貌、性情、趣味等条件。总的来说仍是"郎才女貌"。另外，女性的择偶心理比较实际，具体条件比较多；而男性的择偶心理则比较浪漫，幻想成分多一些。

3. 追求爱情的形式不同

选择恋人，追求爱情，男性往往更强烈和主动，由于他们择偶更注重异性的外表，所以一张美丽的面孔，一个动人的微笑，都可以让他们动情，并很快坠入情网。在对女性的追求中，男性不喜欢谈来谈去的"马拉松"式的恋爱，他们在初期就常常表现出强烈的成功欲望和占有欲望。女性与男性不同，她们寻觅恋人，往往希望找到一个可以信赖、依靠的终身伴侣，因此更注意恋人的内在品质和实际本领。虽然女性的家庭责任感、对爱的热情和专注强于男性，但那是在她们认为对方确可信赖以后，而在恋爱初期的选择和犹豫阶段，却非常谨慎小心，不会一下子就坠入情网。

4. 情感表现不同

男女在恋爱中的情感表现大不相同，即使是热恋阶段彼此感情都达到强烈程度的时候仍然不尽一致。从气质上说，男性一般反应迅速强烈，意志坚强，勇敢大胆，感情洋溢，但易起伏。这种气质反映到恋爱过程中，往往使他们对爱的感受喜形于色，溢于言表，把自己的想法、态度，充分、直率地袒露出来，行为较少顾忌，不多深思后果，易冲动，感情强烈和受到刺激时不善控制自己，如急于用亲吻、拥抱等亲昵形式表达爱。女性的气质多为多血质，她们一般沉稳持久，灵活好动，情绪多变，感情充沛而脆弱。体现在恋爱过程中，则是她们感情羞涩而少外露，善于掩饰自己，表达爱慕常感到羞口难开，喜欢用婉转含蓄、暗示的方法而不喜欢过早用动作、行为的亲昵来表达。

5. 对爱情感受不同

感受爱之情，男子往往粗心，不能仔细观察、体察女方的心理，他顾及大的方面，而不注意小的细节，并视之为"儿女情长"，经常是自己非常喜欢对方，特别高兴，而当发现对方情绪变化时，却感到奇怪，不知所措。女性情感往往细腻，善于体察对方的心理，她们追求爱情的亲密，要求男子的言谈举止都要称心，而常常是马马虎虎、粗心大意的男子不经意的一句话、一件事，也会引起她们的不快和伤感。

6. 对爱情波折的承受力不同

爱情有波折，包括恋爱过程中的摩擦和失恋两种基本情况。对待恋爱过程中的摩擦，男性较随意，他们面对矛盾和争吵往往比较坦然，容易作出主动让步，他们不愿矛盾扩大，张扬起来。女性则往往为一点小小不快就大动感情，激动，不安，甚至哭泣。因为她们最希望得到男子的体贴、关心，而一发生摩擦，不论何因何故，总使她们产生一种希望破灭的危机感。失恋，虽然对于男女双方多是痛苦的事情，但男子对这种痛苦的承受力却低于女子，表现得消沉、哀伤，以至绝望。这是因为男子恋爱中的感情浪漫色彩较重，对失恋缺少理智的分析和考虑。另外，因为男子的忍受力较差，在失恋这种重大挫折面前易于消沉、哀伤。当然女性失恋后也极痛苦、伤感，但她们忍受力比较强，表达方式又比较内在，因此表现就不那么激烈了。

婚后，夫妻虽然朝夕相处，但并未见得能够"知己知彼"。夫妻之间的心理差异仍不可忽视，了解这种差异有助于夫妻生活的和谐、美满。具体来说，夫妻心理差异主要表现在如下几方面：

1. 夫妻二人的持家意识不同

丈夫持家意识比较弱，妻子比较强。妻子的持家意识主要体现在两个方面：首先是亲自操持家务。大部分妻子在家总是忙个不停，一会儿洗衣服，一会儿做饭，吃完还收拾碗筷，然后又是擦地板。纵使现在越来越多的丈夫开始主动或被迫做家务了，妻子往往也不会闲着，定会对丈夫干过的活说三道四，或者干脆又把丈夫干过的活重新干一遍，结果挫伤了丈夫做家务的积极性。"干了半天最后还落了个不是，以后你就一个人干吧，我不干了。"操持家务应该是夫妻双方的义务，妻子应调动丈夫的积极性，即使丈夫笨手笨脚，也要耐心教导，所谓熟能生巧吗。其次，妻子的持家意识还体现在对家庭收支的管理上。妻子往往愿意掌管财政大权，尤其是在现在的农村，丈夫大多外出打工，妻子则在家全面照料家务与家庭财政。不过不管当家理财的是妻子还是丈夫，在遇有重大家庭支出时，最好两个人共同决定。

2. 二人在婚姻生活中的表现不同

丈夫通常刚毅、精力充沛、有意志力、情绪强烈、易冲动，有时候还很暴躁；妻子则往往表现得温柔、细腻、内向、含蓄。

日常生活中经常可以看到，当孩子因为淘气而惹爸爸生气的时候，爸爸会大声斥责孩子，甚至要打孩子，妻子则会赶紧出面护着，并细声细语地埋怨孩子两句，之后还会埋怨丈夫不疼孩子。其实，双方做的都不怎么对：妈妈不应该溺爱孩子，爸爸不应该动辄打骂，都应该对孩子晓之以理。妻子的情感比较细腻，想得比较多，遇到了什么问题或心里有什么不满不愿意说出来，往往憋在心里生闷气，给家人脸色看。这就更需要丈夫充分理解女性的心理特点，平时注意观察妻子的情绪，及时加以开导、关心和体贴。

3. 夫妻二人的情绪状态不同

丈夫的情绪较为稳定，而妻子的情绪容易波动。无论在外面遇到高兴的事还是倒霉事，丈夫回家后比较沉得住气，喜怒往往不溢于言表，不急于向妻子述说。而妻子则不然，遇到高兴的事回家就会喜形于色、手舞足蹈，会把事情从头到尾说一遍，甚至还会反复重复好几遍；遇到不高兴的事回家就会向丈夫大倒苦水乃至伤心落泪。

4. 夫妻二人的自尊心和虚荣心不同

丈夫自尊心比较强，而妻子虚荣心有些强丈夫往往有意或无意地表现出男子汉的尊严，而妻子特别愿意别人欣赏自己的穿着、容貌或者夸奖自己的孩子、丈夫。比如，丈夫给妻子买了一件衣服回家，觉得实惠、耐穿、也好看，妻子则可能觉得不漂亮，一点也穿不出去。这时候，妻子可能把丈夫数落一顿，或者是让丈夫退掉，或者是满脸冰霜不理丈夫，或者是伪心夸奖丈夫几句。妻子应当理解丈夫和自己之间的审美差异，更应当理解男人最需要尊严。如果满心欢喜买给妻子，而回家就遇到一盆冷水，丈夫会感到伤害自尊。最好的方法就是伪心夸奖丈夫几句，穿上转几圈，然后温柔地跟丈夫说自己不是十分喜欢，但是丈夫买的就不一样了。

5. 夫妻二人的想法不同

丈夫有时候显得反映比较迟钝，而妻子敏感又喜欢联想。比如，妻子满心欢喜地穿上一件新衣服给丈夫看，丈夫却呆呆地说："你穿这件衣服不好看，穿在你妹妹身上才好看呢！"说者无心，听者却有意。因为一句话，妻子心里会翻江倒海、联想起伏，认为丈夫看不上自己了，嫌弃自己了，于是好几天不理丈夫，或者在丈夫面前又哭又闹，而丈夫往往不知道是何缘故。这种事情多了之后，丈夫就会很反感，赌气少说话或干脆对妻子不加评论，夫妻之间的交流就会有问题了。这种情况下，丈夫应该理解女性的心理特点，不要和妻子计较，妻子也应该理解男人的马大哈毛病，不要想得太多，这样许多矛盾就不复存在了。

6. 夫妻二人遇事时的表现不同

丈夫遇事通常比较冷静、理智、有主见，而妻子则容易受外界的影响，容易情绪化。比如，在买东西的时候，丈夫比较理智，想买就买，不容易受外界干扰，即使买了之后发觉是伪劣产品也不会表现出很后悔的样子，认为无所谓。妻子则不同，买东西喜欢挑来拣去，或者和丈夫、同事或朋友商量，老拿不定主意，容易受他人左右。特别是买回一件东西，如果有人说不好，她们会感到后悔，而且在一段时间内老耿耿于怀。因此，在处理一些事情上，妻子最好能听取丈夫的建议。

7. 夫妻二人的胸襟有所差异

通常来讲，丈夫的胸襟比较豁达，而妻子度量相对狭小，遇事往往想不开。妻子在家中用她那双灵巧的手料理全家的生活，细心周到。可是这种细致的心理特点，往往也表现为度量狭小。如果妻子遇到什么不顺心的事，会在一段时间里放不下，一想起来就会唠叨，甚至会无缘无故地冲丈夫发无名火。这时候，丈夫最好对妻子采取忍让的态度，并适时加以劝导，如果丈夫针锋相对结果只会引火烧身。

以上所列述的夫妻心理差异只是些共性的，当然可以因人而异。无论具体差异如何，夫妻双方都应该懂得互相取长补短，促进夫妻生活的美满。当你了解了两性心理的差异，就会收获家庭生活的美满。

♡ 婚姻幸福美满的守则

有一段非常经典的话："爱是恒久忍耐，又有恩赐；爱是不嫉妒；爱是不自夸，不张狂，不做害羞的事，不求自己的益处，不轻易发怒，不算计人的恶，不喜欢不义，只喜欢真理；凡事包容，凡事相信，凡事盼望，凡事忍耐……"

等一等，爱不是花前月下，温柔缠绵，风中雨中，激情澎湃吗？爱怎么会是"恒久忍耐，又有恩赐"呢？

年轻的你可能会这么问，然而在婚姻里多年的人大多数都能体会，"花前月下，温柔缠绵，风中雨中，激情澎湃"只是浪漫，而真爱，确乎是"恒久忍耐，又有恩赐"。

一些传世经典里有许多的教导可以让人有幸福美满的婚姻。通俗地归纳起来有以下几条：

1.彼此接纳。因为各人背景不同，生活习惯和思维方法都会不同，需要互相适应，彼此接纳。

2.彼此饶恕。因为每个人都会犯错，不必为自己或对方的错而耿耿于怀。

3.彼此尊重。一方面尊重对方，一方面也不轻视自己。

4.恒久忍耐。因为自己或对方的很多错误都不是说改就能改的，要允许自己或对方重犯。

5.享受快乐时光。因为婚姻生活琐琐碎碎，易生厌烦。应尽量找出时间约会，以谈恋爱时的热情来经营，并要有良好的性生活。

6.彼此忠实。不但要在言行上，也要在思想上不对别的异性想入非非。

7.凡事有节制。包括生活有节制，工作有节制。避免因任何事影响到身心的健康。

8.彼此欣赏赞美，让对方感觉被爱。

9.及时沟通，彼此信任。避免让猜疑腐蚀自己的心灵。

10.直接公开地商讨家庭财务。

11.凭爱心说诚实话，避免用负面指责的方法，特别不能借机进行人身攻击。

12.就事论事，并只讨论一件事情。避免翻旧账，把以前的事扯进来。

13.夫妻站同一阵线。即使在家里有不同意见，在外人面前也应维护一体的形象。应避免在外人面前互相诋毁，彼此拆台。在管教孩子方面有分歧也要避免在孩子面前吵架。

如果夫妻都遵守了以上几点，他们应该已有了美满婚姻。当然，婚姻里夫妻有意见分歧在所难免，但如何解决却大有文章。你不如试试：

找出合适的时间地点来解决问题，避免在别人很忙或很累的时候提出来；

清楚明白地讲出你的看法；

想出些可能解决的办法来，选择一个双方都能接受的方法来实施；

不为面子、权利而吵架，尽量让对方说最后一句话；

吵架时谨慎自己的言行，避免在冲动下说出或做出令自己后悔的言行来；

吵完后不记仇。避免分床睡觉，生气过夜。

如果你能做到上述几点，相信你的爱情肯定会没了争吵，多了欢笑；你的家庭定会充满温馨、充满幸福。

♡ 在家做个甜蜜幸福的小傻瓜

无论是在社会还是在家庭中，"糊涂"二字可以化解一切矛盾。它可以化干戈为玉帛，可以冰消雪化，可以云开雾散，可以使家庭气氛轻松、融洽。

"糊涂"一点可以使人保持心胸坦然、精神愉快，可以消除生理和心理上的痛苦和疲惫。这大概就是"难得糊涂"永不过时的原因。

那么，在家庭生活中如何做到糊涂呢？至少要做到如下几点：

1.要胸怀宽广，也就是要宽容大度

胸襟开阔、宽容大度表明一个人的自我修养，表明这个人明白事理，宽以待人。

居家过日子往往会遇到许多不顺心的事。比如，丈夫的一位朋友急用钱，丈夫把钱借给了朋友，如果妻子是个小心眼，知道后就会琢磨，他背着我借钱给别人，有一次就会有第二次，这次告诉了我，可能有时还瞒着我。如果妻子光琢磨借钱这一件事还好，如果琢磨琢磨就往其他方面瞎琢磨了，如，他不信任我了，他是不是不是把钱借给人而是送给了人，管他借钱的是男还是女，平常让他拿出点钱还挺难的，他怎么借给别人钱却挺大方，等等。这就是我们平常所说的小心眼，钻牛角尖。遇到这样的人就不要和他计较。

在家庭中宽宏大量的丈夫，**能够使家庭化险为夷**。比如，妻子的特点是说归说，干是干，妻子每天做家务，心理觉得不平衡，难免嘴里要唠叨几句，发发牢骚，对此，丈夫不要计较，拿出"宰相肚子能撑船"的气量或开开玩笑。与宽宏大量的丈夫一起生活，妻子会安全、放心，没有后顾之忧。

2. 不要对小事斤斤计较

不要过于注重生活琐事，不要求全责备。居家过日子每天都要遇到一些大事或小事，因此生活中的种种矛盾很难避免。如果遇到事夫妻之间总是斤斤计较，非要弄个谁是谁非，硬要讨个"说法"，这种较真的结果会带来烦恼和忧愁，久而久之，不利于身心健康与夫妻感情。

特别是作为丈夫，作为男人就更不应该在小事上斤斤计较。有的丈夫，在妻子买回东西后，问得特别仔细，菜多少钱一斤，河西买是五毛钱，河东买是四毛五；单位出差和谁一起去，去几天，都去哪儿，怎么去，等等。同样，有的妻子也对丈夫买回的东西品头论足，这东西你买贵了，或者是质量上有问题你就没好好挑挑，等等。你说他是关心吧，又觉得他挺烦。

对生活中无原则性的事，不必认真计较。从心理学角度看，对无原则性、不中听的话或看不惯的事，装作没听见、没看见或随听、随看、随忘，这种糊涂处世的做法，不仅是处世的一种态度，亦是家庭和睦的秘诀。

还有，在生活中我们常常觉得有的人活得特别累，除了把什么事都要弄个明白、较个真以外还刻意把事情做得完美，做到了觉得还能做得更好。比如，丈夫把地扫了一遍，妻子会觉得不干净就要再扫一遍，包括洗碗、擦桌子。实际上，在生活中会因为各种各样的原因限制把事情做得完美。

另外，在家庭生活中，妻子或丈夫不可能是个完人，没有一点缺点，面对配偶的缺点、毛病要能够包容，一个人几十年养成的毛病，你让他立马改正是不可能的，比如，有的人吃饭吧唧嘴，有的人刷牙弄得响动特别大，还有的人不拘小节（翘腿、随手擤鼻子、乱弹烟灰），可能一辈子也改不了。所以，想把对方改造成一个新人是不可能的。只能耐心地帮助，时间长了，再加之周围同事、亲友的态度，他自己就不好意思了，也许会自己改正。

3. 生活中要学会装傻

在家庭中有些事要学会装聋作哑。一般来说，妻子爱唠叨，有时一点小事就会翻来覆去地从早到晚唠叨个没完没了。有时，在外面遇到了高兴事会回家让丈夫与自己共同分享，遇到不高兴的事也会向丈夫诉说，希望得到亲人的安慰。这些事有可能在她看来是大事，但对别人来说可能就是小事。如果丈夫觉得挺烦，千万不要在嘴上说出来，脸上带出来，只装作没听见，任妻子去说，说得她自己都感觉到烦了，就不说了。

一位哲学家说过，一个宽宏大量的人，他的爱心往往多于怨恨，他乐观、愉快、豁达、忍让，而不悲伤、消沉、焦躁、恼怒。他对自己伴侣和亲友的不足处，以爱心劝慰，晓之以理，动之以情，使听者动心、感佩、遵从，这样，他们之间就不会存在感情上的隔阂、行动上的对立、心理上的怨恨。

总之，"小事糊涂"有益健康，有益家庭和睦。在夫妻之间糊涂一点、大度一点就会使夫妻关系更和谐。糊涂的女人是幸福的女人，同样，糊涂的男人也是幸福的男人。

一对恋人正爱得热火朝天，愈是爱到深处可言婚嫁时，愈是易于挑剔和苛刻。男嫌女缺乏自立的信心，惯于唠叨；女嫌男举止不雅，仪表粗糙。于是两人难免磕磕碰碰，爱情也因此蒙上一层阴影。有一次，男女两人结伴旅游，游船倾翻，男女双双落水，经过拼命挣扎，两人上得岸来又拼命救人。末了，仍有数名游客丧生。被他们救上来的落难者感恩戴德，涕泪不止。

回到城市，两人就手拉手去办结婚证，不久就举行了婚礼。

无论是在婚姻中还是在恋爱中，过于计较小事都是不明智的，而身处平安和富裕之中的夫妻或恋人，往往易于对爱人的小事挑剔，求全责备。事实上，只有经历了生离死别，才显得两人世界的情谊珍贵。正如一位老人讲道：人到暮年时，当你的爱人先行一步去了另一个世界，许多的小事，许多的小缺点，也是回味无穷的。

能够不计较，是建立在充分的了解之上的。在现实生活中，每个人都与周围的人们结成各种各样的人际关系。在家庭中有夫妻关系、父母子女关系及其他亲属关系及左邻右舍关系；在学校里有同学、师生之间的关系；在单位则有同事关系、上下级关系，等等。对与自己经常相处的人，要充分了解，包括他们的兴趣、性格、生活习惯、工作方式，等等，从而避免因互不了解而产生不协调。尤其值得注意的是，一定要善于发现别人的优点和长处。既要尊重别人，又要谅解别人，绝不苛求于人，而且乐于助人，这样相处，关系自然融洽。

著名语言学家王力说得对：不斤斤计较小事，不苛求于人。这样，对自己交往的上下左右的人乃至家庭，都会有一个比较和谐、亲密的气氛，而客观上反过来又促进了自己的心情舒畅，身心健康。人生活在社会群体之中，由于多种因素，矛盾、竞争是客观存在的，善于处理，则心情舒畅，乐观自如；不善于处理就会激化矛盾，影响健康。要搞好人际关系，必须了解各种性格的人，并体谅他人的困难，要心胸开阔，乐于助人，待人诚恳、虚心，不用自己的优点与别人的缺点比较，不搬弄是非，传播闲话，做到"流言止于智者"，更要避免同行相轻心理。能与周围的人和睦相处，在家庭或集体生活中有安全感和幸福感，愿为他人或集体多做有益之事，从而有利于他人，也有利于个人的身心健康。

别在乎小事，只要有情谊，就选择睁一只眼闭一只眼吧。

卡耐基认为，许多人都有为小事斤斤计较的毛病。人活在世上只有短短几十年，却浪费了很多时间，去愁一些很快就会被忘掉的小事。

为改掉人们忧虑的习惯，卡耐基曾提出一些有哲理的法则：

生命太短暂了，不要再为小事烦恼；

当我们害怕被闪电击倒，怕所坐的火车翻车时，想一想发生的概率，会把我们笑死；

要懂得闲暇时抓紧，繁忙时偷闲；

对必然的事轻快地承受，就像杨柳承受风雨、水接受一切容器一样；

如果我们以生活来支付忧虑的代价，支付得太多的话，我们就是傻瓜。

第八章

心情可以不复杂——搞定职场人事

　　你也许已经成为一个小有名气的公司老板；你或许正在担任某部门主管；你可能已经从白领升至金领；你可能还只是一名普通员工……

　　无论你在职场中处于哪种角色，都不可避免地要与你的上司、下属、同事们相处。因此，低头不见抬头见，你的上司、下属，还有你的同事们成为你每天见面最多的人。

　　上级有交代，不能当耳旁风，充斗不闻；下属有任务，不能放任自流，听之任之；同事之间既感情深厚又麻烦重重，不能亲近过度，又不能惹是生非，激化矛盾……面对纷杂多重的职场人际关系，你是否感到力不从心、茫然不知所措，或者慨叹一声，无可奈何？

♥ 放心地让别人与你分担

人在职场，压力是不可避免的。没有压力的人生不是完整的人生。面对工作的压力或纷繁复杂的工作，你要讲究做事的方法。这样，你才能拥有更多属于自己的时间，使人生更有价值。

比尔·盖茨说：每天都有许多事来到我的面前，我不可能一下子把所有的事情做完，但又不能把那些事置之不理。为了解决这个问题，我学会了"安排"，就是把一些事让他人去做。

有时我们认为万事非我不可，不放心把事情交给别人，不肯放手，不肯找人来取代，不晓得怎样委派，使自己忙得顾了东顾不了西，不能理智地面对困难，不能果断地把握机会……结果只能是忙、忙、忙，到头来是忙来忙去一场空。

下面是微软公司软件工程师查理先生亲身经历的一件事：

有一天，查理夫妇来找比尔·盖茨，向他请教一些家庭管理问题。他们夫妻养育了七个孩子，家里又忙又乱，太太一天忙到晚都忙不过来，变得脾气暴躁，心情变得很坏，身体精神都濒临崩溃。而那位先生呢？他回家就好像是上战场，感受不到半点家庭乐趣。

比尔·盖茨于是告诉那位先生说："你们的困难症结是因为你的太太工作太过劳累，她出尽全力也做不清家务。你雇个佣人帮她吧！"

据比尔·盖茨所知：他们家庭的经济状况很不错，别说雇一个佣人，就算两三个也不成问题。

当他向夫妻二人提出这个建议时，立刻遭到了查理太太反对："不行。我不许别人来照顾我的丈夫和孩子。"

比尔·盖茨耐心地向她做说服工作，反复地向她解释说她现在没有能力照顾他们，讲得率直点，她那种有心无力反而正在折磨她所爱的人。

后来，夫妻二人接受了比尔·盖茨的建议，雇了个佣人——太太轻松多了，丈夫也得到安慰，孩子们也快乐了。

从这件事中，我们可以得到这样的启示：别做不需要做的事，别做其他人可以做的事，将你现在做的事情，分些给别人。

这是行政管理的金科玉律，你也可以效法一下。让别人替你去做你干得十分吃力的事，使你从中解脱出来，全身心地去做那些对你来说得心应手的事。

在时间管理学中，有一个著名的概念，叫"猴子管理"，也是讲述这个道理的，它是由美国的肯尼·布兰查德、威廉·奥肯与豪尔·伯罗斯在其名著《一分钟经理碰上猴子》一书中提出的。它已经成了"接手他人的当然责任"的代名词。

现在把它介绍给大家：

为什么有些经理人总是觉得时间不够用，而他们的属下却老是没有工作做？

这些经理人也许会辩称："也许我不应该抱怨别人总是少不了我，也许是我想让自己变成不可或缺，来获得工作上的安全感。"

"一分钟经理"大不以为然。他解释说，不可或缺的经理人会对组织构成伤害，而不是组织内的重要人物，尤其是当他们阻碍到别人的工作时，自认为自己是不可取代的人，通常都会因为他们对组织所造成的伤害，而丢掉官位。此外，高级经理人不能够冒风险提升在其目前工作岗位上不可或缺的人，因为他们并未培育接班人……你的问题就是猴子。

谁托着"猴子"？

一分钟经理以一个极其生动、充分反映生活的例子，来解说这个定义——经过走廊时，老板碰到公司的一个员工，他说："老板，早安！我能不能和你谈一下？我碰到了一个问题。"

老板必须去了解属下的问题，于是就站在走廊上听他详细叙述问题的来龙去脉。替人解决问题一向是老板的最爱，老板专心地听他述说。当最后老板举起手来看手表时，原以为短短五分钟的时间，竟然是30分钟。走廊上的讨论，耽误了老板到达目的地的时间。老板对这个问题所了解的，只能让老板决定，他必须介入这件事，但他所获得的资讯并不足以做成任何决策。

于是老板说："这是个很重要的问题。但是我现在没有足够的时间和你讨论。让我先考虑一下，回头再找你谈。"

然后，他们俩各自离开。

作为一个旁观者，你可以很清楚地看到故事中所发生的事情。如果你身在其中，要看清楚真相就比较困难了。在他们俩在走廊见面之前，猴子是在老板的属下的背上。就在他们谈话的时候，由于彼此的互相考虑，此时，猴子的两只脚分别搭在他们俩个人的背上。但是当老板表示"让我考虑一下，回头再找你"时，猴子的脚便由老板属下的背上，移转到老板的背上，而老板的属下则减轻了负担，轻松地走开了。因为，这时候，猴子的两只脚都放在老板的背上。

现在，让我们假设，当时所考虑的事情归老板属下工作的一部分。让我们再进一步假设，他有能力对他自己所提出的问题提出一些解决方案。如果事实果真如此的话，当老板允许那只猴子跳到自己背上时，等于自告奋勇去做属下所应该做的两件事：把问题的责任由对方手上移过来；答应对方要向他提出进度报告。

每一只猴子都需要人照料、监督。

在刚才所描述的状况下，你可以看到，老板接下了员工的角色，而老板的属下则扮演监督者的角色。第二天，属下到老板办公室好几次，提醒老板：

"老板，事情办得怎样了？"

如果老板的解决方法不能让他满意，他会"强迫"老板去做这件原本该他做的事。

为此，管好猴子要注意以下几点：

1. 猴子生病了，要找出治病的方法。

2. 这是谁家的猴子，猴子由执行者喂养。

3. 替猴子保险，给予建议，立即行动。

4. 定期检查猴子的身体。

虽然是个寓意故事，却反映出职场人士的心理。很多时候，你大可不必疲惫不堪，你大可将自己的工作放心地让别人帮你分担。彼此相互分担，既减轻了工作负担，又可通过合作促进情感。人际关系自然会轻松愉悦。人际关系轻松融洽了，想让心情不好都不行。

♥ 向成功者靠拢，赢得好人缘

生活中，人与人的关系最为微妙。为什么有的人人缘好，有的人人缘不好呢？

俗语说："两人一般心，有钱堪买金；一人一般心，无钱堪买针。"声学中也有"同频共振"，就是指一处声波在遇到另一处频率相同的声波时，会发出更强的声波振荡，而遇到频率不同的声波则不然。人与人之间，有的人初次见面就觉无比亲切，有的人即便再怎么沟通也总觉得有障碍，就是这个道理。你如果能主动寻找到共鸣点，使自己的"固有频率"与别人的"固有频率"相一致，就会发生"同频共振"，拥有好人缘。

好人缘是一个人的巨大财富，有了它，事业上会顺利，生活上会如意；但它不会从天上掉下来，而是需要你情感上的理智和行动上的积极。

如何获得好人缘呢？着重做好如下几点：

1. 尊重别人

俗话说："种瓜得瓜，种豆得豆。"把这条朴素哲理运用到社会交往中，你处处尊重别人，得到的回报就是别人处处尊重你，尊重别人其实就是尊重你自己。

有这样一个有趣的故事：一个小孩不懂得见到大人要主动问好、对同伴要友好团结，也就是缺少礼貌意识。聪明的妈妈为了纠正他这个缺点，把他领到一个山谷中，对着周围的群山喊："你好，你好。"山谷回应："你好，你好。"妈妈又领着小孩喊："我爱你，我爱你。"不用说，山谷也喊道："我爱你，我爱你。"小孩惊奇地问妈妈这是为什么，妈妈告诉他："朝天空吐唾沫的人，唾沫也会落在他的脸上；尊敬别人的人，别人也会尊敬他。因此，不管是时常见面，还是远隔千里，都要处处尊敬别人。"小孩明白了这个大道理。

2. 乐于助人

人是需要关怀和帮助的，尤其要十分珍惜在自己困境中得到的关怀和帮助，并把它看成是"雪中送炭"，视帮助者为真正的朋友、最好的朋友。

马克思在创立政治经济学时，正是他在经济上最贫困的时候，恩格斯经常慷慨解囊使他摆脱经济上的困境。对此，马克思十分感激。当《资本论》出版后，马克思写了一封信表示他的衷心谢意："这件事之所以成为可能，我只有归功于你！没有你对我的牺牲精神，我绝对不能完成那三卷的巨著。"两人友好相处，患难与共长达40年之久。列宁曾盛赞这两位革命导师的友谊"超过了一切古老的传说中最动人的友谊故事"。

3. 心存感激

生活中，人与人的关系最是微妙不过，对于别人的好意或帮助，如果你感受不到，或者冷漠处之，因此生出种种怨恨来则是可能的。

经常想一想吧：你在工作中觉得轻松了，说不定有人在为你负重；你在享受生活赐予的甜蜜时，说不定有人在为你付出辛劳……生活在社会大群体里的你我，总会有人为你担心，替你着想。享受着感情雨露的人们不要做"马大哈"，常存一份感激之心，就会使人际关系更加和谐。情感的纽带因为有了感激，才会更加坚韧；友谊之树必须靠感激来滋养，才会枝繁叶茂。

4. 同频共振

声学中有种规律，叫"同频共振"，就是指一处声波在遇到另一处频率相同的声波时，会发出更强的声波振荡，而遇到频率不同的声波则不然。人与人之间，如果能主动寻找共鸣点，使自己的"固有频率"与别人的"固有频率"相一致，就能够使人们之间增进友谊，结成朋友，发生"同频共振"。

共鸣点有哪些呢？比如说：别人的正确观点和行动、有益身心健康的兴趣爱好等等，都可以成为你取得友谊的共鸣点、支撑点，为此，你应响应，你应沟通，以便取得协调一致。当别人飞黄腾达、一帆风顺时，你应为其欢呼，为其喜悦；当别人遇到困难、不幸时，你应把别人的困难、不幸当作你自己的困难和不幸……这些就是"同频共振"的应有之义。

5. 真诚赞美

历史上，戴维和法拉第的合作是一个典范。虽然有一段时间，法拉第的突出成就引起戴维的嫉妒，但二人的友谊仍被世人所称道。这份情缘的取得靠的是法拉第对戴维的真诚赞美。法拉第未和戴维相识前，就给戴维写信："戴维先生，您的讲演真好，我简直听得入迷了，我热爱化学，我想拜您为师……"收到信后，戴维便约见了法拉第。后来，法拉第成了近代电磁学的奠基人，名满欧洲，他也总忘不了戴维，说："是他把我领进科学殿堂大门的！"可以说，赞美是友谊的源泉，是一种理想的黏合剂，它不但会把老相识、老朋友团结得更加紧密，而且可以把互不相识的人连在一起。

6. 诙谐幽默

美国作家马克·吐温机智幽默。有一次他去某小城，临行前别人告诉他，那里的蚊子特别厉害。到了那个小城，正当他在旅店登记房间时，一只蚊子正好在马克·吐温眼前盘旋，这使得职员不胜尴尬。马克·温却满不在乎地对职员说："贵地蚊子比传说不知聪明多少倍，它竟会预先看好我的房间号码，以便夜晚光顾、饱餐一顿。"大家听了不禁哈哈大笑。结果，这一夜马克·吐温睡得十分香甜。原来，旅馆全体职员一齐出动，驱赶蚊子，不让这位博得众人喜爱的作家被"聪明的蚊子"叮咬。幽默，不仅使马克·吐温拥有一群诚挚的朋友，而且也因此得到陌生人的"特别关照"。

7. 诚恳道歉

有时候，一不小心，可能会碰碎别人心爱的花瓶；自己欠考虑，可能会误解别人的好意；自己一句无意的话，可能会大大伤害别人的心……如果你不小心得罪了别人，就应真诚地道歉，这样不仅可以弥补过失、化解矛盾，而且还能促进双方心理上的沟通，缓解彼此的关系。切不可把道歉当成耻辱，那样将有可能使你失去一位朋友。

英国首相丘吉尔起初对美国总统杜鲁门印象很坏，但是他后来告诉杜鲁门，说以前低估了他，这是以赞许的方式表示道歉。解放战争时期，彭德怀元帅有一次错怪了洪学智将军，后来彭德怀拿了一个梨，笑着对洪学智说："来，吃梨吧！我赔礼（梨）了。"说完两人一起哈哈大笑起来。

当然，一个人要想保持良好的人际关系，最好尽量减少自己的过失。曾子讲：吾日三省吾身。为拥有好人缘，一个人应不断检讨自己的过失，提高个人的修养。人缘好，你有事自会有人相帮，你的内心定会充满快乐感，心情自然就会好起来。

💟 给别人台阶下，对大家都好

"给个台阶下"的意思是：站在高台上下不来，会感到比较尴尬，给他个台阶，让他走下来。言外之意就是特意给人留面子，避免发生尴尬的情境。

比如，领导做了一件事，明明做得不对，但是在大家面前你也不要和领导争执不休。你应该在恰当时机给领导一个台阶下，试着转移话题，这就是给领导台阶下。这样做，不仅给别人留有余地，也是给自己留有余地。

美国有位总统，因为用人问题，遭到一些人的强烈反对。在一次国会会议上，有位议员当面粗野地讥骂他，他极力忍耐，没有发作。

等对方骂完了，他才用温和的口吻道："你现在怒气应该平息了吧，照理你是没有权力这样责问我的，但现在我仍然愿详细解释给你听……"他的这种忍让人的姿态，使那位议员红了脸，矛盾立即缓和下来。试想，如果得理不让人，利用自己的职位和得理的优势，咄咄逼人进行反击的话，那对方决不会服气的。由此可见，当双方处于尖锐对抗状态时，得理者的忍让态度，能使对立情绪"降温"。

一些适时退让的方法，使双方都能在尴尬的气氛中缓和下来：

1. "你好我好大家好"

生活中常有一些人特别固执己见，十分容易为些小事情同别人争论，而且火药味浓烈。这时候，得理的一方应当有饶人的雅量，他可以一面解释一面折中调和，最好使用不带刺激性的"各打五十大板"或者"你好我好"的语言形式，以避免冲突的扩大。

有一位先生，一次上岳父家吃饭，进餐时翁婿两人聊起了一条高速公路的修建问题。那先生强调：公路的进度一再推迟，是有关方面的一个严重错误；而岳父则不同意，认为公路本来就不该兴建。两人你一言我一语，争论渐趋激烈。后来那位泰山大人把问题扯到"年轻人自私心重，没有环保意识"上面，显然是在批评那先生。那先生怕再争论下去伤和气，便开始缓和下来，他婉转地说："可能我们的看法永远也不会合辙，可是，那没有什么，也许我们都是对的，也许我们都是错的，这也是未可知的事。"那先生的一席话，不仅给自己搭了台阶，也给争论双方打了圆场。避免了双方争论不休，矛盾扩大，影响感情。试想，如果那先生意气用事地与岳父争论下去，结果会如何呢？很可能惹火老岳父，被臭骂一顿。

2. "事情原来如此这般"

很多时候，人和人之间的相互发火，是因为互不了解、有失沟通造成的。这时候得理的一方切不可因对方的错怪而以怒制怒。最好的方式是多加解释，想法沟通或者道歉、劝慰，与对方达成谅解或共识。

一所医院里，病人挤满了候诊室。一个病人排在队伍中，将手上的报纸都看完了也没有挪动一步，于是他怒火万丈，敲着值班室的窗户对值班人员大喊："你们这是什么医院？这么多人排队你们看不见吗？为什么不想办法解决？我下午还有急事呢！"值班员面对病人的怒火，耐心解释说："很抱歉，让你等了这么久。是这样的，医生去开刀了，抢救一个危重病人，一时脱不了身。我再打电话问问，看看他还要多久才能出来。谢谢你的耐心等候。"患者排大队得不到及时诊治，责任并不在那个值班员身上，但是面对病人的错怪，他却沉住气一面解释，一面劝慰，这就比以怒制怒，火上添油地回答好多了。

3. "这一切权当都怪我"

面对蛮横无理者，得理者若只用以恶制恶的方式，常常会大上其当。这时候，平息风波的较好方式，莫过于得理者勇敢地站出来，主动承担责任，以自责的方式对抗恶人恶语，以柔克刚。

有一个商场营业员，遇一个中年男子来退一只电饭锅。那锅已经用得半新半旧了，他却粗声粗气地说："我用了一个多月就坏了，这是什么鸟货？你再给我换一个！"营业员耐心解释，他却大吼大嚷，并满口脏话说什么："我来了你就得给退，光卖不退算个鸟！"营业员虽然占理，但为了不使争吵继续下去，便温和地对他说："这种电饭锅已经用一段时间了，又没有质量问题，按规定是不能退的。可是你执意要退，那就干脆卖给我好了。"就在她掏钱的时候，那个粗暴的男顾客脸红了，他终于停止了争吵，悄然离去。显然，营业员的宽容与自责方式起了良好作用。因为它反衬出对方的无理和低劣，从而从容地制止了事态的扩大。

4. "算了，我只是想提醒你"

一位丈夫彻夜未归，次日才幽灵般地回到家中，妻子埋怨了几句，两人便你一言我一语地干起仗来。忽然，妻子说："算了，没什么了不起，男人晚上不回家都成时髦了——我唯一要提醒你的是：熟悉的地方还是有风景的！"那妻子虽然占理，却没有去"痛打落水狗"，只是调侃了几句，便使一场冲突体面地结束了。

　　其实，打破僵局的方法很多，矛盾宜解不宜结。其中根本的一点是：任何情况下都不可以有给对方一点颜色看、惩罚对方一下、非让他（她）低头认罪不可的种种不良心态。有话说话，有理讲理，宁要争吵也不要冷战，这是许多人总结出的一条经验，而一旦处于冷战中无人主动来给你们调解，那就靠双方"系铃人"来努力解开沉默无言这个"铃"了。

　　总而言之，为人不可太固执，是你的错理所当然要致歉和解；如果占理，让人一步不为低，人们最终会承认你的正确，并称道你的宽宏大量。某种程度上讲，给别人留余地就是给自己留余地。心底无私天自宽，心情也会大好。

❤ 解决问题才是最终目的

先讲一个故事：

一对住在科罗拉多州的乡下夫妇，打了1400次以上的电话，向新丹佛国际机场的噪音热线抱怨它们起降的飞机飞过他们家上空。他们对机场的官员说，他们将会不停地打电话，直到航道改变为止。

如果我们估算1分钟打一次电话，那么1400次电话加起来，就是超过23小时的抱怨！对他们如此不断地向机场抱怨是否有效，我们不予置评。不过他们的做法却使人想到自己处理问题的方式。我们是否不停地指出别人犯的每个错误，却从未想过这样做对他们或对我们自己有何意义？

抱怨解决不了问题，你需要做的是冷静下来，找到真正能解决问题的力量。

同样，如果你知道如何解决问题，就立刻去做，不要只是抱怨不停。谁制造这个问题并不重要，重要的是去解决。

赫本买了菲比斯公司的产品，然而这个产品更新换代后并不好用，蒸汽阀阀座的金属片一直不停地漏水，这使他的小工厂陷入停顿状态。他一开始也感觉心情糟糕至极，但他意识到光抱怨没有用，因此他给销售公司打了电话。布莱恩是加拿大菲比斯公司的业务员，他接到电话后，将这件事转告装配部门的助理工头丹尼。丹尼又主动把在外面跑生意的布莱恩请到工厂来商讨这个问题。其实丹尼并没有权力要求布莱恩这样做（毕竟业务员并不替装配部门工作），但是因为已经知道产品出了问题，所以他想立刻采取行动，即使他没有权力这样做。

布莱恩本来可以这样拒绝："你不是我的老板，自己去想办法吧！"但是和丹尼一样，布莱恩的心中也充满着对公司以及用户的责任感，于是他欣然前往。看来，赫本找对了人。

后来丹尼和布莱恩一起在工厂花了3个小时，终于发现问题出在哪里。原来菲比斯公司把阀筒连到加拿大的一个中心点以后，销售部门就把货物拆装分送到各工厂，但是运送部门把阀筒在滑皮上安装得不够紧，以致阀筒在运送途中移动，阀座因而受损。

布莱恩把他和丹尼的发现告诉销售部门以后，销售部门马上改变了运送方法，问题也因此得到解决。赫本实在太满意了，还特地写了一封信向丹尼表示道谢。

现在的有关部门有着严格的等级观念和权限分工，这使得有些事情很难办，因为他们总是互相扯皮、推诿……如果你只是抱怨，说不定他们索性会给你来一个置之不理。冷静下来，客气一点，记住，找到解决问题的力量，解决问题才是最重要的。

这对责任者也同样适用，对于自己的责任不能推拖。拖着不办，问题始终在那里。很多注重品质的公司都为产品附加上价值。附加价值的方法有好几种，譬如说通过品质、服务、运送速度和亲切感等。就如在这个例子中，因为产品是丹尼装配的，所以让他对品质负责是理所当然的事。但是丹尼所做的不只如此，他把布莱恩请来，就是对产品另外附加了热忱和责任感，尽可能地增加产品的附加价值才能使问题解决，并给自己赢得一个好口碑。

在现代企业中，人与人之间的人际关系问题让广大职场人士和企业经理人"饱受折磨"。不管是分工合作，还是职位升迁，抑或利益分配，无论其出发点是何其纯洁、公正都会因为某些人的"主观因素"而变得扑朔迷离，纠缠不清。随着这些"主观因素"的渐渐蔓延，原本简单的同事关系、上下级关系变得复杂起来：一个十几个人的办公室，可以有几个不同的派系，更可以有由这些派系滋生出来的上百个纠缠不清的话题。习惯于这种不动声色、波澜不惊的职场老手，将办公室比喻成战场，在这里，每天都进行着一场场没有硝烟战火的较量，不管你累不累，愿不愿意，只要你置身"江湖"，就"身不由己"。

在这种环境中，足够的冷静与平和有助于你更好地适应。问题出现了，你是否会像以下这样来处理呢？

1. 你是否也应该承担责任

不管是什么原因，你必须意识到，你自己也有问题，所以，你也必须承担一部分责任。

也许，你会觉得问题在他们那边，但是，任何事情都有两个方面。也许，别的同事并不觉得你所厌恶、恼火的同事讨厌，那为什么你不喜欢他们呢？

这有可能是因为他们让你想起了你过去讨厌的某个人，或者让你想起以前不快乐的经验，即使你并没有意识到这点；也有可能他们干扰了你的工作；或者是他们的个人习惯，如不停地说话让你受不了。

2. 相信问题总能解决

任何问题都可以解决，只要你去面对它们。而且，解决方案通常不会太复杂，而且对彼此不会造成太大的伤害。例如，如果他的某个习惯让你容忍不了，你可以告诉他。相反，越来越糟的情况则有可能是因为你总是什么都不说，自己生闷气导致的。

3. 看到他们的亮点

任何人都会有优点，即使你非常不喜欢这个人。所以，你为什么不看到他们个性、能力上的亮点呢？自己想一想，是否对那个同事过于苛求了呢？你这样对待他们，是否对他们不公平呢？

所以，千万不要在他们背后和别的同事说他们的坏话，这只能让你们的关系越来越糟。至少，你要做到尊敬他们，即使他们曾经伤害过你。如果你接着报复，去伤害他们的话，只会造成两败俱伤的结果。

4. 改变从自己开始

你不能改变别人，但你可以改变自己。在解决这个问题时，你假设自己承担所有的责任：你是否需要改变对待他们的态度或说话的方式呢？你是否需要和他们直接谈谈？或者，你仅仅需要将注意力从那些琐碎的、让你不舒服的事情上移开，问题就迎刃而解了？

想要获得你想要的成就吗？想要你的人生有个质的飞跃吗？那么，从现在开始就行动起来吧！对每一个人都友善，你会收获得更多。对每件事都感恩，你就会更加幸福、快乐！